简单钩针
孩子们喜欢的蔬菜·水果·甜点帽子

[日] E&G创意 / 编著

虎耳草咩咩 / 译

fruit and vegetable & sweets

中国纺织出版社

Contents 目录

※（　）内为钩织方法的页码

苹果 & 西瓜
圆滚滚的球状造型帽

适合年龄：**1**~**2**岁

p.8,9（p.10）

香蕉 & 茄子
霸气的护耳造型帽

适合年龄：**3**~**4**岁

p.12,13（p.14）

西瓜 & 草莓
波浪花边的浪漫造型帽

适合年龄：**1**~**2**岁

p.16,17（p.18）

橡子 & 葡萄
凹凸颗粒花样的造型帽

适合年龄：**3**~**4**岁

p.20,21（p.22）

甜瓜 & 花生
菱形花样的英气造型帽

适合年龄：**1**~**2**岁

p.24,25（p.23,26）

菠萝 & 松塔
鱼鳞花样的可爱造型帽

11 适合年龄：**1**~**2**岁
12 适合年龄：**3**~**4**岁

p.28,29（p.30,59）

Model Size

模特尺寸

Leia Bartram
（バートラム レイア）
头围：48cm

Tiaga
（タイガ）
头围：48cm

Hikari Weingart
（ヴァインガルト ヒカリ）
头围：49cm

Kaio Gregorio
（グレゴリオ カイオ）
头围：50cm

南瓜 & 番茄
胖乎乎的条纹鸭舌帽

适合年龄：❸~❹岁

p.32,33 (p.34)

洋葱 & 柠檬
女孩气的绑带尖头帽

适合年龄：❶~❷岁

p.36,37 (p.38)

小萝卜 & 洋梨
俏皮的卷边造型帽

适合年龄：❸~❹岁

p.40,41 (p.42)

烤鸡
搞怪风格的麻花辫造型帽

适合年龄：❶~❷岁

p.44 (p.46,59)

汉堡包
满满饱腹感的多层造型帽

适合年龄：❸~❹岁

p.45 (p.58)

纸杯蛋糕
层层叠叠的甜蜜造型帽

21 适合年龄：❶~❷岁
22 适合年龄：❸~❹岁

p.48,49 (p.50)

甜筒雪糕
糖果色系的尖尖造型帽

23 适合年龄：❶~❷岁
24 适合年龄：❸~❹岁

p.52,53 (p.54)

本书作品尺寸

儿童头围

尺寸参考表

年龄	头围
❶~❷岁	46~48cm
❸~❹岁	49~50cm

* 本书作品全部以左表尺寸为标准钩织而成的（该尺寸不是成品尺寸，是指按符合此头围的尺寸编织）。由于个人会使用不同的线材钩织，编织时插针的松紧度也不同，所以请根据各自喜好选择舒服、合适的设计款式。

p.4~7·57
重点课程

p.56
本书中所使用的线材

p.57
基础课程

p.60~63
钩针编织基础

p.63
其他基础索引

2 **花样编织中配色线的替换方法**（包渡线的钩织方法）

彩图 & 制作方法…p.8,9 & p.10

在钩织短针的棱针时

1 钩织第2圈。钩1针立起的锁针，钩针插入上一圈针脚的后半针上，挂底色线（粉色）引拔后，针头挂配色线（蓝色）依照图示箭头引拔。此时钩编线就替换成了配色线，钩完第1针（右上图）。

2 第2针与第1针相同，钩针插入上一圈针脚的后半针上，底色线（暂时不钩编的线=渡线）搭在钩针上，针头挂配色线依照图示箭头引拔。

3 针头挂底色线，一次性引拔。

4 将钩编线替换为底色线后的第2针好后，下1针也是依照箭头所示插入钩针，边包渡线边引拔钩编，按同一要点继续钩织。

5 图示为钩完第3针时的样子。按以上要点，边包住暂不使用的线（渡线）边继续钩织，钩到替换线的前一针时，针上挂替换线，依照图示箭头边替换钩编线边继续钩织。

6 每行钩织结束是指，在最后1针中，将线替换为下一圈第1针的钩编线，将钩针插入第1针短针的棱针的针脚中，暂不钩织的线搭在钩针上，针头挂下一圈第1针的线后引拔。

7 图示为钩完第2圈时的样子。接下去，每圈也都与第2圈的钩织要点相同，边包渡线边替换钩织线继续进行钩编。

8 图示为钩完第6圈的样子。

5 彩图 & 制作方法…p.16 & p.18

在钩织3针中长针的枣形针时

1 钩织花样编织A的第6圈。在钩织3针中长针的枣形针之前，先钩完未完整钩出的前一针短针（参照p.61），针头挂配色线（蓝色）引拔（左图）。钩织线替换为配色线，钩好1针短针（右图）。

2 钩针上挂配色线，将针插入上一圈的针脚内，边包住暂不使用的线（渡线），边将配色线挂在针头上引拔出来（参考箭头所示）。

3 将线引拔出的样子。在此针内共重复钩3次步骤**2**（半个中长针）。

4 钩好3次后，针头上挂下一针钩织线的底色线，一次性穿出引拔。

5 用配色线钩3针中长针的枣形针，钩织线替换为钩下一针用到的底色线。

6 在钩下一个3针中长针的枣形针前的短针时，要包住渡线（配色线）边用底色线钩短针，按同一要点重复**1~6**的步骤编织下去。

21·22 彩图 & 制作方法…p.48,49 & p.50

在钩织5针长针棱针的爆米花针时

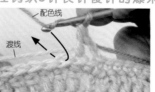

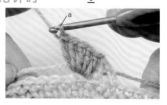

1 钩织花样编织B的第2圈。钩织爆米花针第1圈之前长针的棱针，钩针插入上一圈的外侧半针，钩1针未完成的长针（参照p.61），钩针上挂配色线（蓝色）引拔。图片是将钩织线替换成了配色线，钩完1针长针时的样子。

2 线挂在钩针上，参考图1的箭头所指方向，将钩针插入上一圈的外侧半针中，边包渡线，边在同一针脚内钩织5针长针的棱针。

3 钩好5针后，暂将钩针从线圈（图片2所示的a）中抽出，将钩针如图所示重新插入到钩爆米花针前1个长针的棱圈线圈头部和之前抽出的线圈（a）上，并将a线圈如箭头所示方向引拔出来。

4 钩针上挂底色线（钩下一针所用线），如箭头所示方向引拔出来。

5 用配色线钩好5针长针棱针的爆米花针后，钩编线替换为编织下1针的底色线。

6 钩织下一个爆米花针之前的长针的棱针时，要边包渡线（配色线）边用底色线钩织长针的棱针，依照相同要点重复按照1～6的步骤钩织下去。

9·10 彩图 & 制作方法
…9/p.24 10/p.25 & p.23,26

外钩长针2针并1针的钩织方法

第6圈

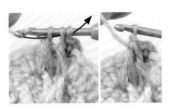

1 钩织第6圈。在钩外钩长针2针并1针之前，钩针挂线，按箭头所示方向将钩针整个插入第4圈上的外钩长针根部，钩1针未完成的长针（参照P.61）。

2 钩1针未完成的长针时的样子。与1相同，钩针挂线，按箭头所示方向将钩针整个插入第4圈上的外钩长针根部，再钩1针未完成的长针。

3 钩好2针未完成的长针后，钩针挂线，按箭头所示方向一次引拔出来（左图）。钩织完一次钩2针外钩长针的样子（右图）。

4 继续钩4针短针后，按箭头所示方向分别在1、2处用钩针整个插入第4圈的外钩长针根部，钩织2针未完成的长针。

第8圈

5 钩针挂线，按箭头所示方向引拔出来。外钩长针2针并1针时的样子。将图示中的第2针与第3针的外钩长针的根部呈重叠状地钩织下去。

6 钩织第8圈。第8圈与第6圈的钩织要点相同，将钩针插入外钩长针2针并1针的根部继续钩织下去。

7 钩好第8圈外钩长针2针并1针时的样子。

8 形成了立体的菱形图案花样。

11 彩图 & 制作方法…p.28 & p.30,59

叶子的组合方法

1 参考图解，继续钩织10片叶子。叶子钩好后，将缝合针穿入一根线，然后用缝合针穿入叶子根部。

2 将所有叶片穿入线后，系紧起线头和线尾。

3 将线绳打结系紧，整理好。

4 将整理好的叶片缝合在帽身第1圈上。右上图片是从反面看缝合部分的样子。

※以浅显易懂的方式来说明配色线的替换方法。

11·12 彩图 & 制作方法…11/p.28 12/p.29 & p.30,59

鱼鳞花样的钩织方法 ※为便于理解，每层分别用不同颜色来替换说明。

1 护耳的第一层按编织图解钩织（粉色）。第二层（边缘），钩3针立起的锁针，依照图示箭头方向将钩针整个插入第1层的长针根部，钩4针长针。

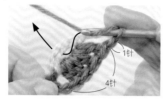

2 继续钩1针锁针，依照图示箭头方向将钩针整个插入第1层的3针立起的锁针处，钩5针长针。

3 钩好第2层后，继续钩第3层（蓝色）。钩3针立起的锁针，依照图示箭头方向将钩针插入第2层的长针顶部，钩1针长针。

4 接着钩2针锁针，依照图示箭头方向将钩针插入第1层，钩2针长针。

5 继续钩2针锁针，钩针插入第2层锁针起立针的第3针上，钩2针长针。

6 钩好第3层，接着钩第4层（黄色）。钩3针立起的锁针，依照箭头方向将钩针插入第3层长针的根部，钩4针长针。

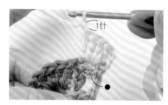

7 接着钩1针锁针后，如**8**所示翻转织物。

8 翻转后，依照箭头方向将钩针插入第3层●处的长针根部，钩5针长针。
※本作品是将翻转后的此面作为正面使用的。

9 钩好5针长针，完成1个花样。

10 继续钩1针锁针，依照图示箭头将钩针插入第3层★处的长针根部，钩5针长针和1针锁针（左图）。接着，将织物翻转，将钩针插入第3层立起的锁针的第3针（☆）上，钩5针长针（右图）。

11 ☆处钩好5针长针，完成第4层的样子。将此面作为反面使用。

12 第4层钩好的样子。将此面作为正面使用。

13 钩织第5层（粉色）。钩3针立起的锁针后，按照与**3、4**的相同钩织要点插入钩针，在靠近自己跟前的中间钩织2针长针。

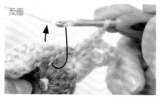

14 中间的2针长针是将第3层的2针长针之间和第4层花样与花样间的1针锁针重叠起来的，依照图示箭头方向将钩针同时插入2片织片内进行钩织。

15 钩好中间2针长针后的样子。3、4层的织片重合钩织。

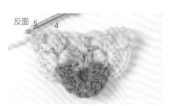

16 图示中4与5的2针长针，依照与5的相同钩织要点插入钩针编织下去。第5层钩织好的样子。

第6层　右护耳　正面

17 钩织完第6层（绿色）。第6层是按与第4层的相同钩织要点钩在第5层上，但钩好5针长针+1针锁针的正中花样后，要将织片旋转180度，在上一层的长针上钩织余下的5针长针。第6层钩好的样子（正面）。

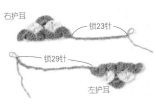
锁23针　锁29针　左护耳

18 钩织2片钩至第6层的织片（钩至6层的织片用于左右护耳）。左右护耳钩织好后，分别从第6层开始继续钩织指定的起针针数。

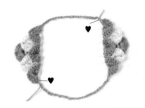

19 锁针钩好后，如图所示分别在对侧护耳上引拔固定（♥），钩成环形。只剪断左护耳一侧的线，因为要用右护耳一侧的线继续钩织帽身，所以勿剪断。

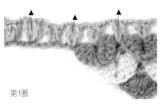
第1圈

20 钩织帽身的第1圈（蓝色）。与第5层的钩织要点相同，从护耳部分插入钩针，起针的锁针是从锁针里山插针钩织，绕环钩一圈。在▲所示之处，用与护耳的相同要点来钩织下一圈的花样。

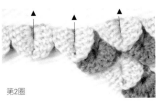
第2圈

21 钩好帽身的第2圈（黄色）。图片为分别在20的▲处钩织好花样的样子。

第3圈

22 钩织帽身的第3圈（粉色）。与护耳第5层的钩织要点相同，■为1个花样的中心，□为第1圈的2针长针之间和第2圈花样与花样间的1针锁针重合，钩针插入2层织片重合部分，同时进行钩织。

第4圈

23 钩好帽身第4圈（绿色）的样子。依照上述要点继续钩织帽身。
※帽身第15、16圈与其它部分不同，所以要注意。

24 护耳、帽身钩织好的样子。

19 彩图 & 制作方法…p.44 & p.46,59
骨头的钩织方法

上部B　上部A

1 分别钩好主干上部A、B（5圈）后，对合2个织物，将钩针同时插入2个织物的最后一圈上，钩针挂线如图片箭头所示引拔。

2 钩好引拔后，接下去的1针也依照箭头所示方向将钩针同时插入2个织物中。

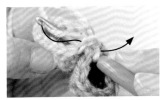

3 钩针挂线，依照图示箭头方向一次性引拔出来。

4 再重复1次2、3的步骤，引拔3针后，上部A、B就合并在一起了。图片为钩好3针引拔后的样子，因为还要继续钩织下部，所以勿将线剪断。

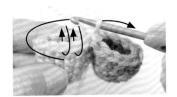

5 钩织好上部A、B部引拔3针后的样子，从上部A、B的最后一圈开始插入钩针，依照箭头方向绕圈钩织1圈，继续钩织下半部分。

6 钩织下部时的样子。

7 绕圈钩织1圈，完成钩织下部第1圈后的样子。

第6圈

8 参照图解，在钩织过程中边塞入填充棉，边钩织下部的6圈。图片为钩到下部第6圈的样子。

苹果 & 西瓜
圆滚滚的球状造型帽

制作方法…**p.10**
重点课程…**2/p.4**
设计…河合真弓　制作…关谷幸子

1

①~②岁

2

①~②岁

红彤彤的苹果，
加上条纹花样的西瓜造型帽。
采用贴合头部的圆形设计，
超级惹人喜爱。

戴着食物造型的帽子，
在玩平日的过家家游戏时，看上去也更加开心。

1·2 苹果 & 西瓜　圆滚滚的球状造型帽

彩图 & 制作方法…p.8,9 & 2/p 4

*需准备的线材

1：HAMANAKA　Amerry / 猩红色（5）…
30g、绿色（14）…2g、巧克力棕（9）…1g
2：HAMANAKA　Amerry / 绿色（14）…22g、
自然黑（24）…10g

*针

1·2：钩针5/0号（1根线）7/0号
（2根线）
*编织密度（10cm×10cm）
1：花样编织 17.5针×18行
2：花样编织 17.5针×16行
*完成尺寸
1·2：头围46cm、深度16cm

*钩织方法
（未特别指出的部分，1·2的钩织法相同）
※1·2通用，茎部为2根线，用7/0号钩针，茎部以外为1根线
用5/0号钩针来进行钩织。
1 钩织帽身：圈钩起针，边钩短针的棱针，边加针钩织。1 为
单色钩29圈，2 为双色钩25圈（参照p.4）。
2 钩织各配件：1是钩织叶和茎（2根线），参照组合方法将叶
和茎缝合。2为钩织茎（2根线），打单结。
3 组合：参照组合方法，在帽身顶部缝合各配件。

1 茎
绿色（1根线）　5/0号

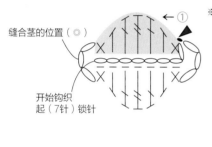

缝合茎的位置（◎）

开始钩织
起（7针）锁针

※ ▨部分为钩针插入起针
（锁针）里山按各钩织符
号来编织（参照下图）

✕ ＝ 短针的棱针

T ＝ 中长针的棱针

＝ 长针的棱针

＝ 长长针的棱针

1·2
帽身

环

帽身
（花样编织）
5/0号

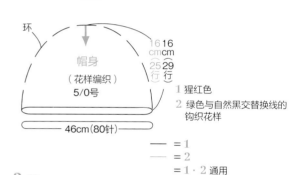

16cm 16cm
25行 29行

1 猩红色
2 绿色与自然黑交替换线的
钩织花样

46cm（80针）

＝ 1
＝ 2
＝ 1·2 通用

1 茎
巧克力棕（2根线）　7/0号

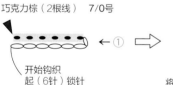

开始钩织
起（6针）锁针

※ ▨部分是将钩针插入起针（锁针）
的里山引拔钩织（参照下图）

1 叶和茎的组合方法

将茎缝合在叶茎的定位
位置（◎）上

2 茎
绿色（2根线）　7/0号

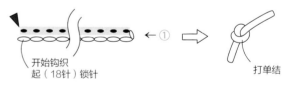

开始钩织
起（18针）锁针

※ ▨部分是将钩针插入起针（锁针）
的里山引拔钩织（参照下图）

打单结

1 组合方法

将组合好的叶和茎
缝合在帽顶上

2 组合方法

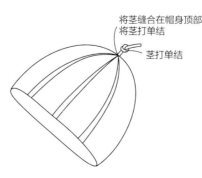

将茎缝合在帽身顶部
将茎打单结

茎打单结

锁针里山的插针方法
※如图片箭头所示方向插入里山

里山

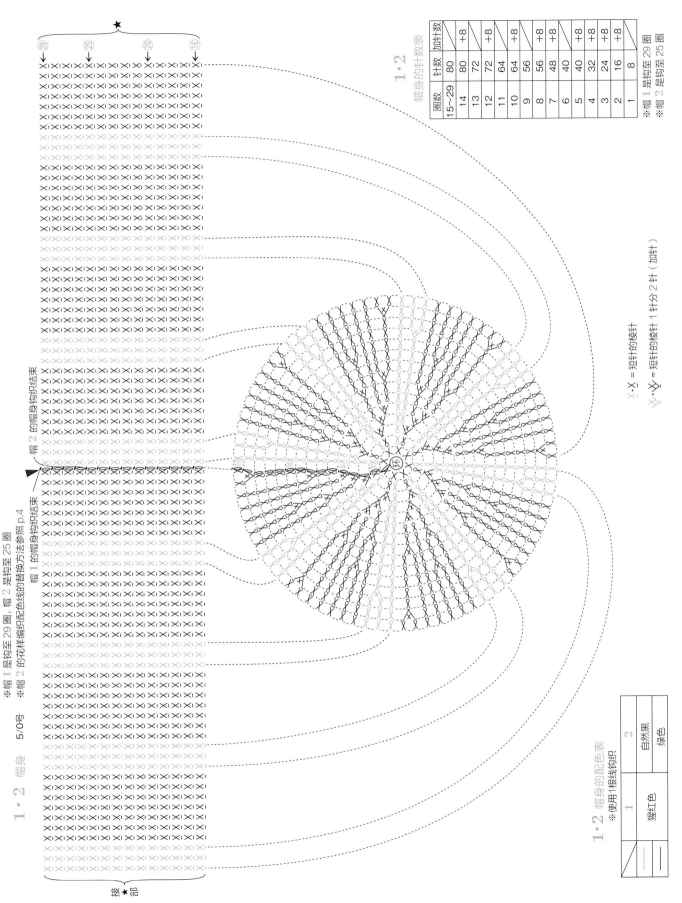

1·2 帽身 5/0号

※帽1是钩至29圈，帽2是钩至25圈

※帽2的花样编织配色线钩织结束
帽1的帽身钩织方法参照 p.4

帽2的帽身钩织结束

帽1的帽身钩织结束

接★部

帽身的针数表		
1·2		
圈数	针数	加/减针数
15~29	80	／
14	80	+8
13	72	／
12	72	+8
11	64	／
10	64	+8
9	56	／
8	56	+8
7	48	+8
6	40	+8
5	40	／
4	32	+8
3	24	+8
2	16	+8
1	8	+8

※帽1是钩至29圈
※帽2是钩至25圈

Ⅹ·Ⅹ = 短针的棱针

Ⅴ·Ⅴ = 短针的棱针 1针分2针（加针）

帽身的配色表		
1·2		
	1	2
／	猩红色	自然黑
／		绿色

※使用1根线钩织

香蕉 & 茄子
霸气的护耳造型帽

制作方法…**p.14**
设计 & 制作…今村曜子

3
3 ~ **4**岁

香蕉皮款护耳造型相当独特。
戴着朝气十足的香蕉帽
到外面的世界去探险吧。

4

③~④岁

茄子造型帽，
亮点在于星形蒂上打结的茎。
2片护耳的设计温暖感油然而生。

3・4 香蕉＆茄子　霸气的护耳造型帽

彩图…3/p.12, 4/p.13

＊需准备的线材

3：Rich More　PERCENT／黄色（5）…60g、
米色（1）…18g、茶色（88）…5g
4：Rich More　PERCENT／蓝紫色（112）…
85g、黄绿色（33）…12g

＊针

3：钩针7/0号、8/0号
4：钩针8/0号

＊编织密度（10cm×10cm）

3・4　长针编织 14.5针×7.5行

＊完成尺寸

3・4：头围50cm、深度约17cm

＊钩织方法

（未特别指出的部分，3・4的钩织法相同）
※均用2根线来钩织。
※3柄部用7/0号钩针，除此之外均用8/0号钩
针来钩织。
1 钩织帽身：圈钩起针，边钩长针边加针钩
至12圈。
2 钩织护耳：在帽身的指定位置上带线，在
左右两侧钩织护耳。钩内护耳时先起14针锁
针，钩织7行长针。共钩2片。

3 钩织边缘：将内护耳与外护耳外侧对齐重合，绕
帽身与护耳外侧一周钩1圈边缘花样。此时，护耳
部分是将钩针同时插入2片内护耳与外护耳来缝合
钩织。

4 钩织各配件、组合：帽3是钩柄部，帽4是分别钩
蒂与茎，参照组合方法缝合。

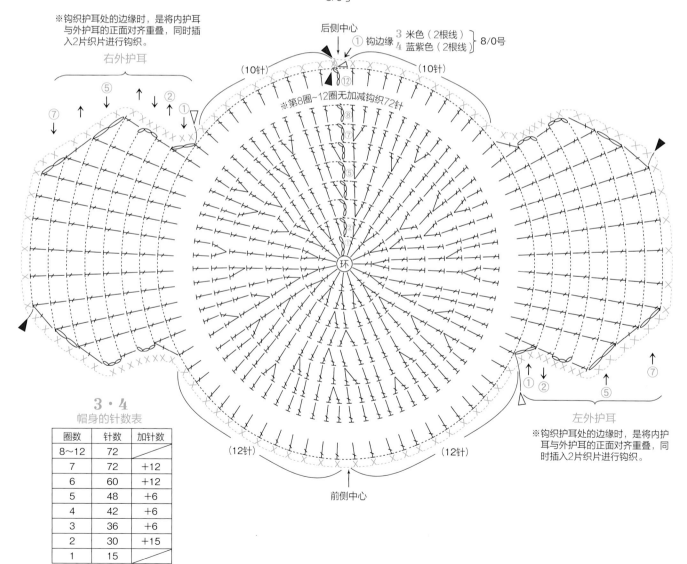

3・4
帽身・外护耳

3 黄色（2根线）　4 蓝紫色（2根线）
8/0号

※钩织护耳处的边缘时，是将内护耳
与外护耳的正面对齐重叠，同时插
入2片织片进行钩织。

右外护耳

后侧中心
① 钩边缘　3 米色（2根线）
4 蓝紫色（2根线） 8/0号

（10针）　（10针）

※第8圈~12圈无加减钩织72针

环

左外护耳

※钩织护耳处的边缘时，是将内护
耳与外护耳的正面对齐重叠，同
时插入2片织片进行钩织。

（12针）　（12针）

前侧中心

3・4
帽身的针数表

圈数	针数	加针数
8~12	72	
7	72	+12
6	60	+12
5	48	+6
4	42	+6
3	36	+6
2	30	+15
1	15	

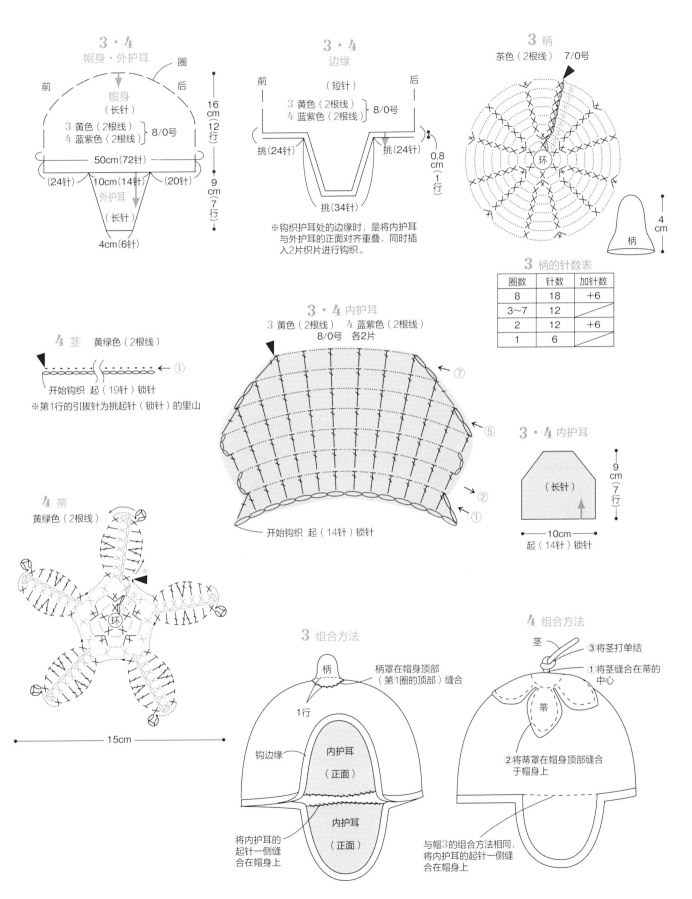

3・4
帽身・外护耳

前　　　　　　　　　后
圈

帽身
（长针）

3 黄色（2根线）
4 蓝紫色（2根线）　8/0号

50cm（72针）

16
cm
12
行

（24针）　10cm（14针）　（20针）

外护耳
（长针）

4cm（6针）

9
cm
7
行

3・4
边缘

前　　　　　　　　　后
（短针）

3 黄色（2根线）
4 蓝紫色（2根线）　8/0号

挑（24针）　　　挑（24针）

挑（34针）

0.8
cm
1
行

※钩织护耳处的边缘时，是将内护耳
与外护耳的正面对齐重叠，同时插
入2片织片进行钩织。

3 柄
茶色（2根线）　7/0号

环

柄

4
cm

3 柄的针数表

圈数	针数	加针数
8	18	+6
3～7	12	
2	12	+6
1	6	

4 茎　黄绿色（2根线）

① →

开始钩织　起（19针）锁针
※第1行的引拔针为挑起针（锁针）的里山

3・4 内护耳

3 黄色（2根线）　**4** 蓝紫色（2根线）
8/0号　各2片

⑦
⑤
②
①

开始钩织　起（14针）锁针

3・4 内护耳

（长针）

9
cm
7
行

10cm
起（14针）锁针

4 蒂
黄绿色（2根线）

环

15cm

3 组合方法

柄

柄罩在帽身顶部
（第1圈的顶部）缝合

1行

钩边缘

内护耳
（正面）

内护耳
（正面）

将内护耳的
起针一侧缝
合在帽身上

4 组合方法

茎

③将茎打单结

①将茎缝合在蒂的
中心

蒂

②将蒂罩在帽身顶部缝合
于帽身上

与帽3的组合方法相同，
将内护耳的起针一侧缝
合在帽身上

西瓜 & 草莓
波浪花边的浪漫造型帽

制作方法…**p.18**
重点课程…**5/p.4**
设计 & 制作…Kaori Matsumoto（松本かおる）

5
①~②岁

浪漫的褶皱边帽檐帽
最适合爱臭美的小女孩。
个性化的西瓜造型超萌超可爱。

红彤彤的可爱草莓造型帽，
点缀上小草莓花
更加惹人喜欢。

6

①~②岁

5·6 西瓜 & 草莓　波浪花边的浪漫造型帽

彩图 & 重点课程…5/p.16, 6/p.17 & 5/p.4

✱需准备的线材

5：Olympus　Premio / 鲑鱼粉色（25）…45g、米色（1）…12g、绿色（12）…6g、黑色（22）…6g

6：Olympus　Premio / 红色（15）…65g、黄绿色（11）…5g、米色（1）…2g、黄色（10）…1g

✱针

5·6：钩针6/0号

✱编织密度（10cm × 10cm）

5·6：短针编织、花样编织A　22.5针×26行

✱完成尺寸

5·6：头围48cm、深度14cm

✱钩织方法

（未特别指出的部分，5·6的钩织法相同）

1 钩织帽顶：圈钩起针，第2圈以后，无需钩每圈起始的立起的锁针，螺旋钩织20圈。接着，再钩花样编织A16圈。由此阶段开始，帽5从第6圈钩至第13圈边替换配色线边钩织双色花样（参照p.4）。

2 钩织帽檐：从帽顶最后一行开始挑针，编织2圈短针和花样编织B。

从帽顶的第2圈开始至此帽檐2圈短针无需钩立起的锁针，螺旋钩织。5钩好帽檐后完成。

3 钩织各配件（6）：钩织2朵花和蒂。蒂是圈钩6针锁针，往返钩织4圈，第5圈以后按逆时针方向圈钩。

4 组合（6）：参照组合方法，将各配件缝合在帽顶上。

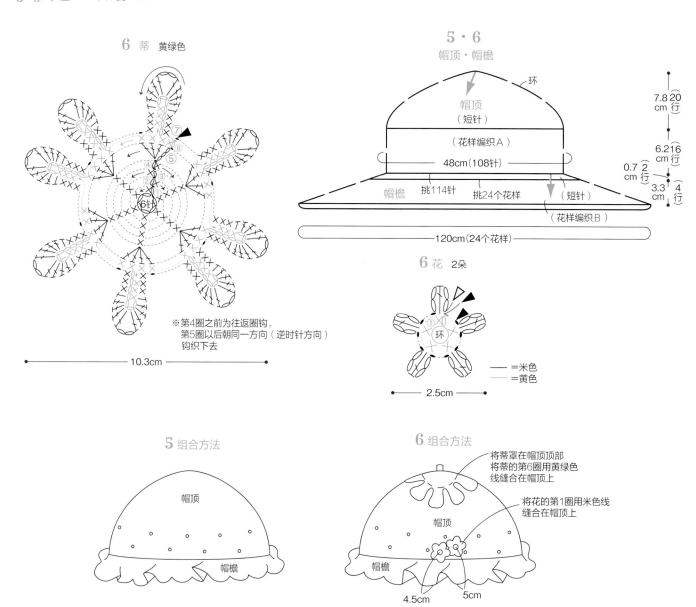

6 蒂 黄绿色

※第4圈之前为往返圈钩，第5圈以后朝同一方向（逆时针方向）钩织下去

10.3cm

5·6
帽顶·帽檐

环

帽顶（短针）

（花样编织A）

48cm（108针）

帽檐　挑114针　挑24个花样　（短针）

（花样编织B）

120cm（24个花样）

7.8 20 cm 行

6.2 16 cm 行

0.7 2 cm 行
3.3 4 cm 行

6 花 2朵

环

―=米色
―=黄色

2.5cm

5 组合方法

帽顶

帽檐

6 组合方法

将蒂罩在帽顶顶部
将蒂的第6圈用黄绿色线缝合在帽顶上

将花的第1圈用米色线缝合在帽顶上

帽顶

帽檐

4.5cm　5cm

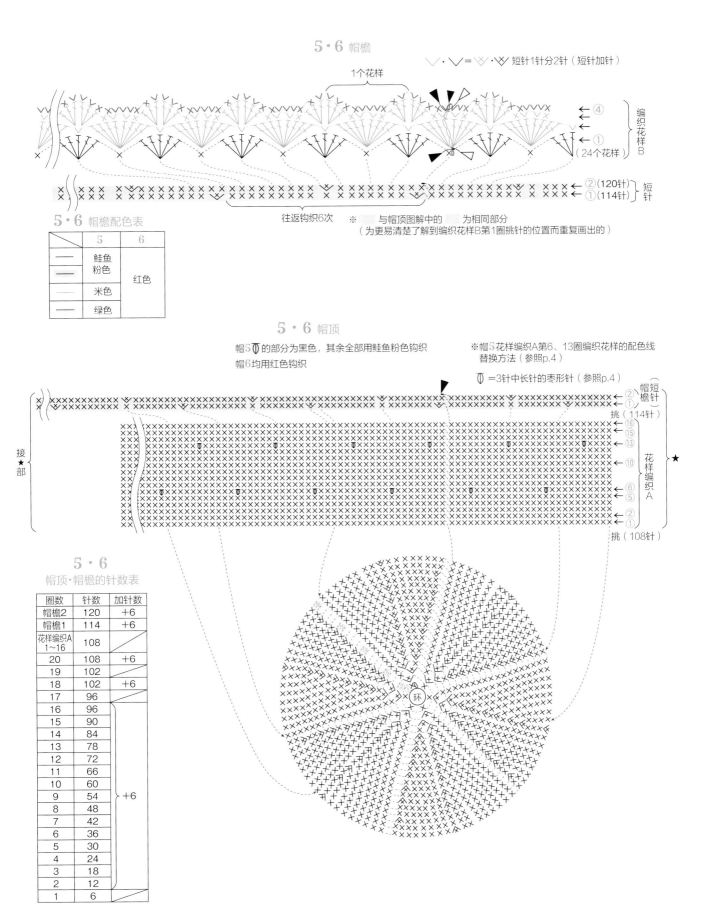

5·6 帽檐

∨·∨＝∨·∨ 短针1针分2针（短针加针）

1个花样

←④
←③
←②
←①
（24个花样）

编织花样B

②（120针）
①（114针）

短针

往返钩织6次　※ □□□ 与帽顶图解中的 □□□ 为相同部分
（为更易清楚了解到编织花样B第1圈挑针的位置而重复画出的）

5·6 帽檐配色表

	5	6
——	鲑鱼粉色	红色
——		
——	米色	
——	绿色	

5·6 帽顶

帽5 ◊ 的部分为黑色，其余全部用鲑鱼粉色钩织
帽6均用红色钩织

※帽5花样编织A第6、13圈编织花样的配色线
替换方法（参照p.4）

◊ =3针中长针的枣形针（参照p.4）

接★部

帽檐短针

②
①
挑（114针）

⑯
⑮
⑬

⑩

⑥
⑤

②
①
挑（108针）

花样编织A

★

5·6
帽顶·帽檐的针数表

圈数	针数	加针数
帽檐2	120	+6
帽檐1	114	+6
花样编织A 1~16	108	
20	108	+6
19	102	
18	102	+6
17	96	
16	96	
15	90	
14	84	
13	78	
12	72	
11	66	
10	60	
9	54	+6
8	48	
7	42	
6	36	
5	30	
4	24	
3	18	
2	12	
1	6	

环

橡子 & 葡萄
凹凸颗粒花样的造型帽

制作方法…**p.22**
设计 & 制作…Yumiko Kawaji（川路 ゆみこ）

7

3~4岁

沉浸于带有凹凸颗粒质感的
橡子与葡萄造型帽的快乐中。
是否要体会下秋天戴着外出的时尚感呢？

犹如真葡萄般凹凸有致的颗粒花样编织物，
说不准会忍不住想摘下一颗呢……

8
❸~❹岁

7・8 橡子 & 葡萄　凹凸颗粒花样的造型帽

彩图…7/p.20, 8/p.21

＊需准备的线材
7：Rich More spectre modem ＜fine＞ / 茶色（327）…63g、深驼色（308）…15g、绿色（311）…3g、黄色（310）…2g
8：Rich More spectre modem ＜fine＞ / 紫色（317）…76g、黄绿色（310）…7g

＊针
7・8：钩针6/0号
＊编织密度（10cm×10cm）
7・8：长针编织　17针×9行
花样编织　17针×5行
＊完成尺寸
7・8：头围49.5cm、深度18.5cm

＊钩织方法
（未特别指出的部分，7・8的钩织法相同）
1 钩织帽身：环形起84针锁针。接着，边留意配色，边钩4圈长针、7圈花样编织、8圈短针，将钩织完成后的线头穿入所有针脚内抽紧收口（与p.57的"草莓（编织圆球）和樱桃的组合方法"的要点相同）。
2 钩织各配件：7分别钩织大、小叶片。8分别钩织叶片和蔓。
3 组合方法：参照组合方法，并将各配件分别缝合在帽身短针的根部。

7・8 帽身

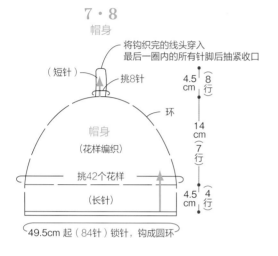

将钩织完的线头穿入最后一圈内的所有针脚后抽紧收口

（短针）
挑8针
环
帽身（花样编织）
挑42个花样
（长针）
49.5cm 起（84针）锁针，钩成圆环

4.5cm（8行）
14cm（7行）
4.5cm（4行）

7・8 帽身的配色表

	7	8
──	茶色	黄绿色
──	茶色	紫色
──	深驼色	紫色

= 4针长长针的爆米花针（※挑上一圈针脚的顶部钩织）

= 4针长长针的爆米花针（※将上一行锁针整个挑起钩织）

7・8 帽身

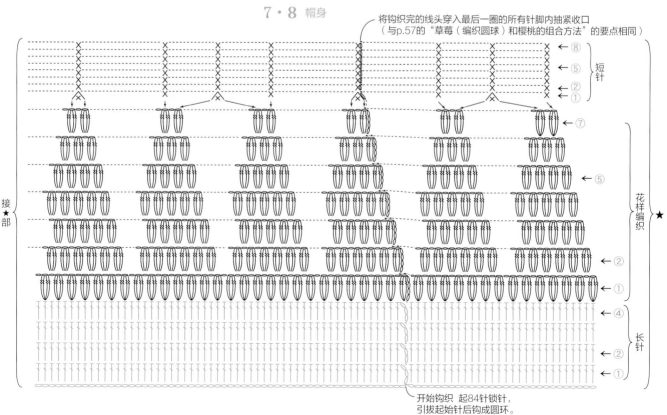

将钩织完的线头穿入最后一圈的所有针脚内抽紧收口
（与p.57的"草莓（编织圆球）和樱桃的组合方法"的要点相同）

接★部

短针 ←⑧ ←⑤ ←② ←①
←⑦
←⑤
←②
←①

花样编织 ★

长针 ←④ ←② ←①

开始钩织 起84针锁针，引拔起始针后钩成圆环

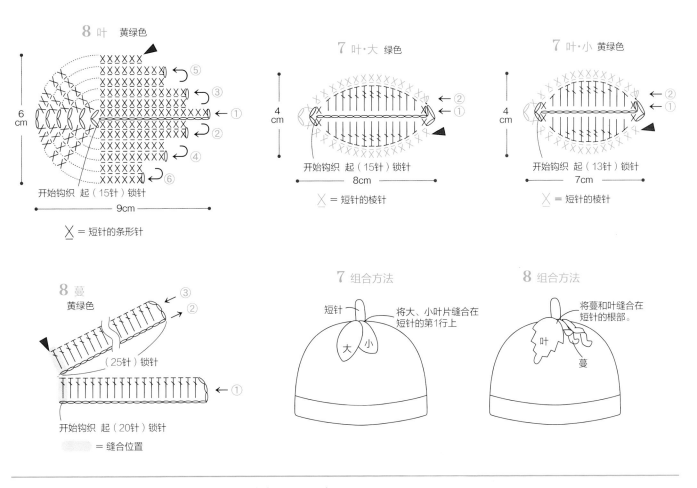

8 叶 黄绿色

6 cm

开始钩织 起（15针）锁针

9cm

✕ = 短针的条形针

7 叶·大 绿色

4 cm

开始钩织 起（15针）锁针

8cm

✕ = 短针的棱针

7 叶·小 黄绿色

4 cm

开始钩织 起（13针）锁针

7cm

✕ = 短针的棱针

8 蔓
黄绿色

（25针）锁针

开始钩织 起（20针）锁针

= 缝合位置

7 组合方法

短针

大 小

将大、小叶片缝合在短针的第1行上

8 组合方法

叶

蔓

将蔓和叶缝合在短针的根部。

※上接"9 甜瓜 菱形花样的英气造型帽"（p.26,27）

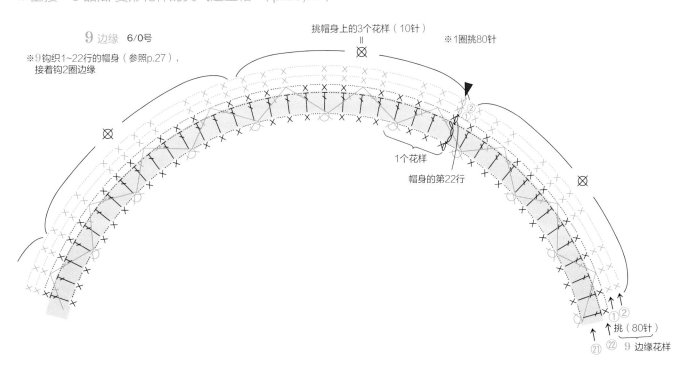

9 边缘 6/0号

※9钩织1~22行的帽身（参照p.27），
接着钩2圈边缘

挑帽身上的3个花样（10针）

※1圈挑80针

1个花样

帽身的第22行

挑（80针）

⑨ 边缘花样

21 22

23

甜瓜 & 花生
菱形花样的英气造型帽

制作方法…**p.23,26**
重点课程…**p.5**
设计 & 制作…Mariko Oka（岡まり子）

9

1~2岁

外钩编织所形成的立体菱形花样
像极了甜瓜和花生。
戴着带把儿的水果造型帽，
或许会获得"家务小帮手"的称号呢……

10

①~②岁

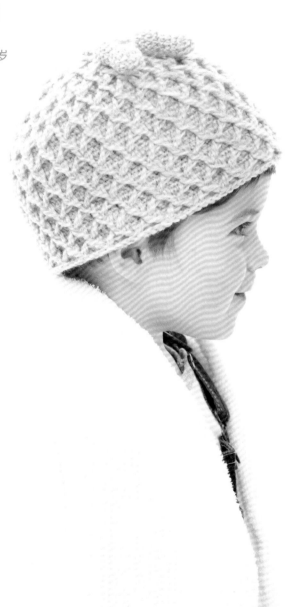

无论哪种风格都很协调百搭的
自然色系花生造型帽。
摇曳摆动的2颗花生，
总有一股朝气逼人的感觉。

9·10 甜瓜 & 花生　菱形花样的英气造型帽

彩图 & 重点课程···9/p.24, 10/p.25 & p.5

＊需准备的线材
9：Rich More PERCENT / 嫩绿色（16）···48g
10：Rich More PERCENT / 亮灰色（98）···62g
　填充棉···少许
＊针
9：钩针6/0号
10：钩针4/0号、6/0号
＊编织密度（10cm × 10cm）
9·10：花样编织 20针×15行
＊完成尺寸
9：头围48cm、深度约15cm
10：头围48cm、深度约18.5cm

＊钩织方法
※10帽身的第21~23圈用4/0号钩针来钩织，除
之外全都用 6/0号钩针来钩织。
1 钩织帽身：9先环形起针，按花样编织至第22
圈（参照p.5）。接着，用短针钩织2圈边缘花样
（参照p.23）。
10先环形起针，按花样编织至第28圈（参照
p.5）。此时，21~23圈用4/0号钩针来钩织，除
此之外的全都用 6/0号钩针来钩织。

2 钩织各配件：9钩织柄。10钩织2个花生及绳
子，花生参照组合方法进行缝合。
3 完成：9参照组合方法，将柄缝合在帽身顶
部。10参照组合方法，缝合花生和绳子。

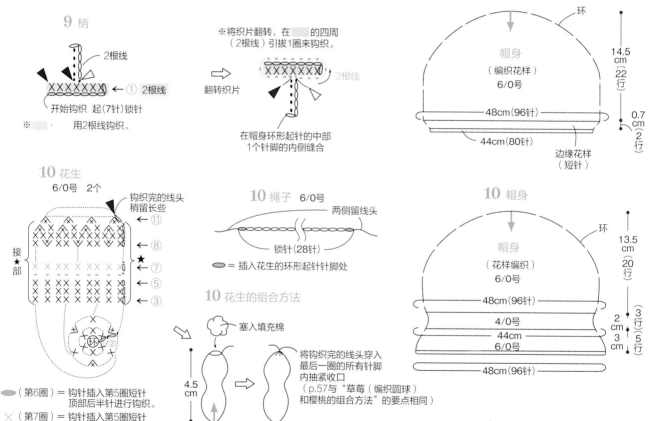

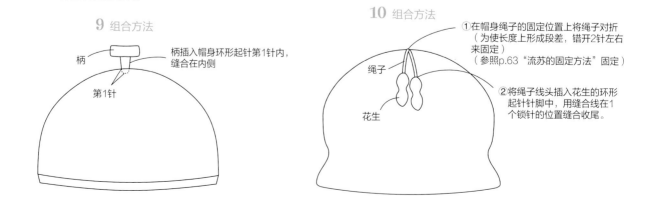

9 · 10 帽身

※9 按帽身图解钩至22圈。

※10 按帽身图解钩至28圈，
第21~23圈用4/0号的钩针钩织，
除此以外的各圈均用6/0号
的钩针钩织。

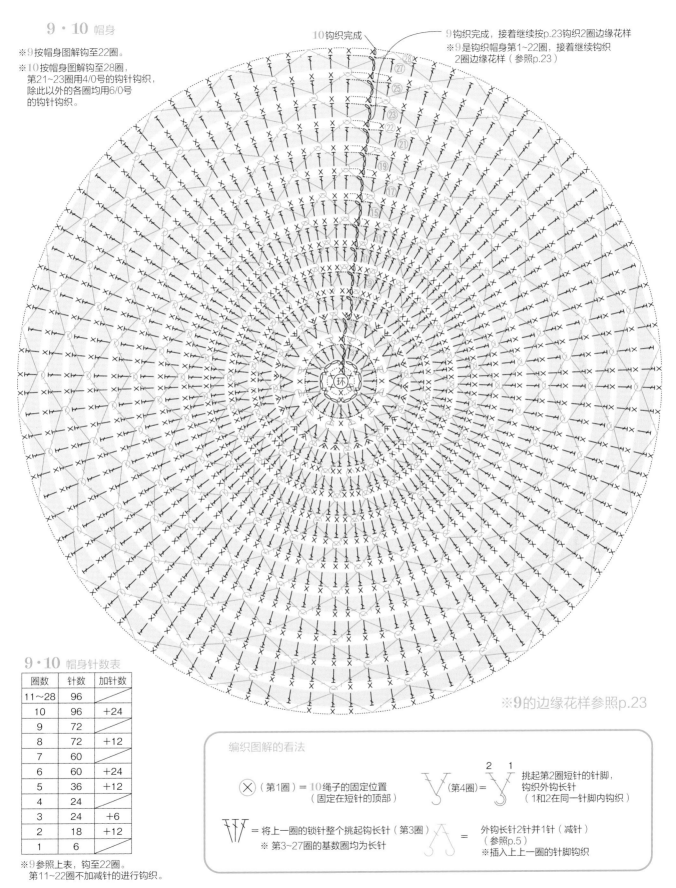

10 钩织完成

9 钩织完成，接着继续按p.23钩织2圈边缘花样

※9 是钩织帽身第1~22圈，接着继续钩织
2圈边缘花样（参照p.23）

28
27
25
23
22
21
19
17
15

环

9

※9 的边缘花样参照p.23

9 · 10 帽身针数表

圈数	针数	加针数
11~28	96	
10	96	+24
9	72	
8	72	+12
7	60	
6	60	+24
5	36	+12
4	24	
3	24	+6
2	18	+12
1	6	

※9 参照上表，钩至22圈。
第11~22圈不加减针的进行钩织。

编织图解的看法

⊗ （第1圈）= 10绳子的固定位置
（固定在短针的顶部）

（第4圈）= 挑起第2圈短针的针脚，
钩织外钩长针
（1和2在同一针脚内钩织）

= 将上一圈的锁针整个挑起钩长针（第3圈）
※ 第3~27圈的基数圈均为长针

= 外钩长针2针并1针（减针）
（参照p.5）
※ 插入上上一圈的针脚钩织

菠萝 & 松塔
鱼鳞花样的可爱造型帽

制作方法…**p.30,59**
重点课程…**11/p.5~7 12/p,6,7**
设计 & 制作…今村曜子

鱼鳞花样所体现出的与实物极其相似的织物将成
为大家目光汇聚的焦点。
可以通过运用更换毛线粗细和针号大小的方式将
帽子钩织成不同的儿童尺寸，钩成兄妹同款再合
适不过了。

11
①~②岁

12

③~④岁

戴上松果帽
转瞬变身森林乐队。

因为是护耳款的帽子，
所以暖暖的遮盖住了耳朵。

11·12 菠萝&松塔　鱼鳞花样的可爱造型帽

彩图&重点课程…**11**/p.28, **12**/p.29 & **11**/p.5~7, **12**/p.6,7

＊需准备的线材

11：Hamanaka　wanpakudenis／柠檬黄（3）
…80g、绿色（46）…10g

12：Olympus　Tree House Berries／浅驼色系
（202）…85g　茶色系（208）…5g

＊针
11：钩针6/0号
12：钩针7/0号

＊编织密度（10cm×10cm）
11：花样编织A　3.2个花样×17行
12：花样编织A　3个花样×16行

＊完成尺寸
11：头围47cm、深度12cm
12：头围50cm、深度13cm

＊钩织方法
（未特别指出的部分，**11·12**的钩织法相同）

1 钩织护耳：参照p.6，分别钩织左右护耳（6行）。

2 钩织锁针起针：钩好护耳的6行后，从第6行开始，左护耳起29针锁针，右护耳起23针锁针。锁针钩好后，分别引拔固定在另一侧护耳上成环（参照p.7）。只剪断左护耳的线，因为需用右护耳的线继续钩织帽身，所以请勿剪断右护耳。

3 钩织帽身：帽身部分用与护耳钩织方法的相同要点圈钩16行（参照p.7）※15、16圈与其他钩织方法不同，所以要注意。顶side前3圈减针边继续圈钩。

4 钩织各配件：帽**11**为钩织叶片，参照p.5组合。帽**12**为钩织柄。

11·12的各配件均参照p.59。

5 完成：分别参照组合方法，并将各配件缝合、在帽身上。

侧边第2·4·6·8·10·12·14行的钩织方法

※左、右护耳的第4、6行也都以同样方式进行钩织。

侧边第16行的钩织方法

11·12 护耳·帽身
11 柠檬黄　**12** 浅驼色系

※请对照左右页中●的标记线看编织图。
（　　部分是为了便于清楚了解连接部分，而在左右页重复画出的）

※请对照左右页△部分来看图解（　　部分是为了便于清楚了解连接部分，而在左右页重复画出的）

接★部

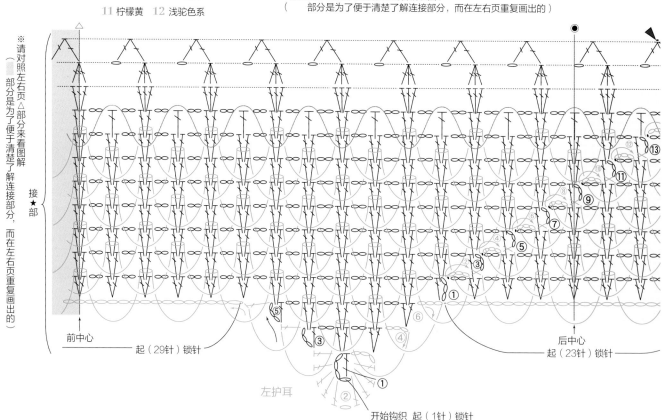

前中心　　起（29针）锁针　　　　　后中心　　起（23针）锁针

左护耳

开始钩织　起（1针）锁针

30

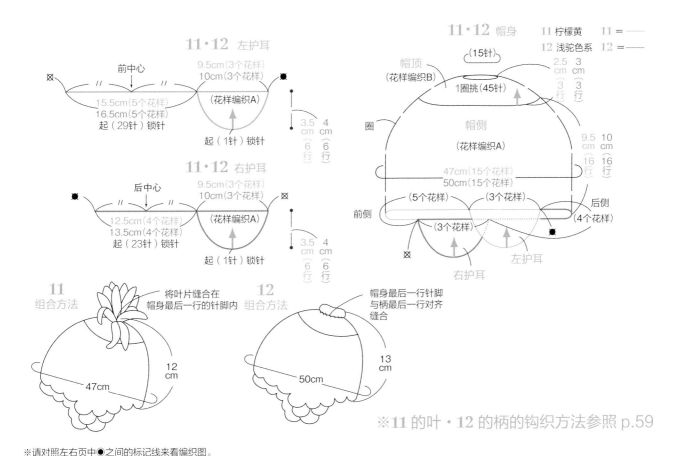

11·12 左护耳

前中心

9.5cm（3个花样）
10cm（3个花样）

15.5cm（5个花样）
16.5cm（5个花样）
起（29针）锁针

（花样编织A）

起（1针）锁针

3.5 4
cm cm
6 6
行 行

11·12 右护耳

后中心

9.5cm（3个花样）
10cm（3个花样）

12.5cm（4个花样）
13.5cm（4个花样）
起（23针）锁针

（花样编织A）

起（1针）锁针

3.5 4
cm cm
6 6
行 行

11·12 帽身

11 柠檬黄   11 ＝ ——
12 浅驼色系 12 ＝ ——

（15针）

帽顶
（花样编织B）

1圈挑（45针）

2.5 3
cm cm
3 ③
行 行

圈

帽侧

（花样编织A）

9.5 10
cm cm
16 ⑯
行 行

47cm（15个花样）
50cm（15个花样）

前侧

（5个花样）   （3个花样）   后侧

（3个花样）   （4个花样）

右护耳   左护耳

11
组合方法

将叶片缝合在
帽身最后一行的
针脚内

12
cm

47cm

12
组合方法

帽身最后一行针脚
与柄最后一行对齐
缝合

13
cm

50cm

※**11** 的叶·**12** 的柄的钩织方法参照 p.59

※请对照左右页中●之间的标记线来看编织图。
（   部分是为了便于清楚了解连接部分，而在左右页重复画出的）

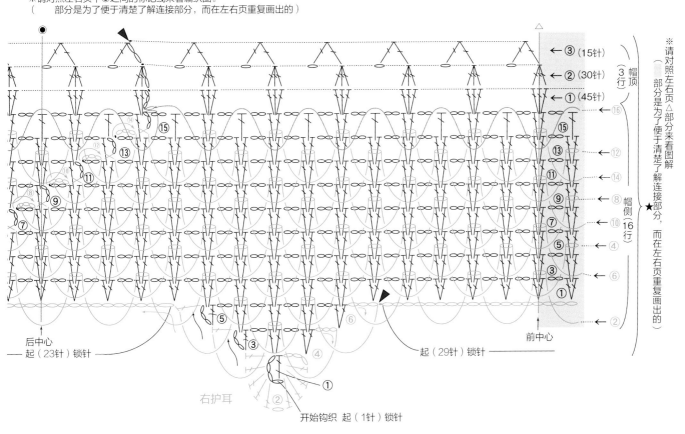

←③（15针）
←②（30针）
←①（45针）
帽顶
③行

←⑯
⑮
⑬   ⑫
⑪   ⑭
⑨   ⑧
⑦   ⑩
⑤   ④
③   ⑥
①
帽侧
⑯行

←②

后中心
起（23针）锁针

前中心
起（29针）锁针

右护耳

开始钩织 起（1针）锁针

※请对照左右页 △部分来看图解
（   部分是为了便于清楚了解连接部分，而在左右页重复画出的）

31

南瓜 & 番茄
胖乎乎的条纹鸭舌帽

制作方法…**p.34**
设计 & 制作…Mariko Oka （冈まり子）

13

❸~❹岁

男孩女孩都适合的鸭舌帽。
南瓜鸭舌帽好像还能戴着
参加万圣节活动呢。

红彤彤的番茄会成为大家
注目的焦点。
如果戴上这样可爱的鸭舌帽，
外出游玩也会更加愉快吧。

14

③~④岁

13·14 南瓜 & 番茄　胖乎乎的条纹鸭舌帽

彩图…13/p.32，14/p.33

＊需准备的线材
13：Olympus（奥林巴斯） Tree House Leaves / 橙色系混色（4）…79g、/ 绿色系混色（5）…4g、make make whip / 绿色（705）…5g
14：Olympus（奥林巴斯） Tree House Leaves / 红色系混色（7）…77g、绿色系混色（5）…3g

＊针
13·14：钩针7/0号
＊编织密度（10cm×10cm）
13·14：花样编织　16针×9行
短针　16.5针×20行
＊完成尺寸
13·14：头围48cm、深度18cm

＊钩织方法
（未特别指出的部分，13·14的钩织方法相同）
1 钩织帽冠：起84针锁针，在起针处引拔形成圈，接着钩织1行长针，按花样编织边增减针数边钩织15行。钩完最后一行后，将钩好的线头全部穿入最后一行的所有针脚内拉紧收口（与p.57的"草莓（编织圆球）和樱桃的组合方法"要点相同）。
2 钩织帽环和帽檐：帽环是从帽冠起针处挑针钩织3行。帽檐是将从帽环的第3行前半针挑针钩第1行，接着继续钩至第4行。在帽檐的四周钩1行边缘花样。
3 钩织各配件：13首先钩织柄。在钩叶和大、小蔓的过程中，边进行钩织边在柄上引拔。14钩织蒂和柄。
4 组合：分别参照各自的组合方法，将配件缝合在各自的帽身上。

13 蔓·小 绿色

13 柄 绿色
※钩好后的线头留长些
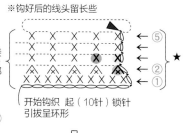

13 蔓·大 绿色
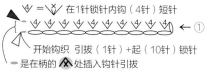

将织完的线头，挑起最后一行针脚的外侧半针，穿过所有针后拉紧收口（与p.57"草莓（编织圆球）和樱桃的组合方法"要点相同）

13·14 帽檐
（短针）
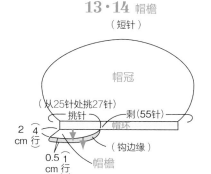

13 叶片 绿色系混色
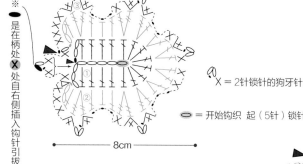

X = 2针锁针的狗牙针

 = 开始钩织 起（5针）锁针

13·14 帽檐
13 橙色系混色　14 红色系混色
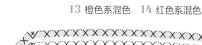
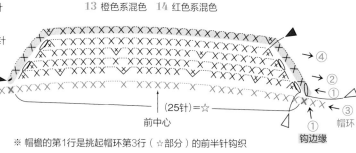

※ 帽檐的第1行是挑起帽环第3行（☆部分）的前半针钩织
※ 钩好4行帽檐后，在帽檐的四周钩1行边缘

14 蒂　绿色系混色
14 柄 绿色系混色
开始钩织 起（6针）锁针

约9cm

13 组合方法
将钩织有叶片和蔓的柄缝合在帽顶上。

14 组合方法
①将柄缝合在蒂的中心。
②将蒂置于帽冠上，将蒂的第2行绕1圈缝合在帽顶上。
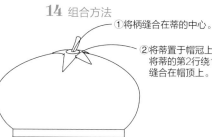

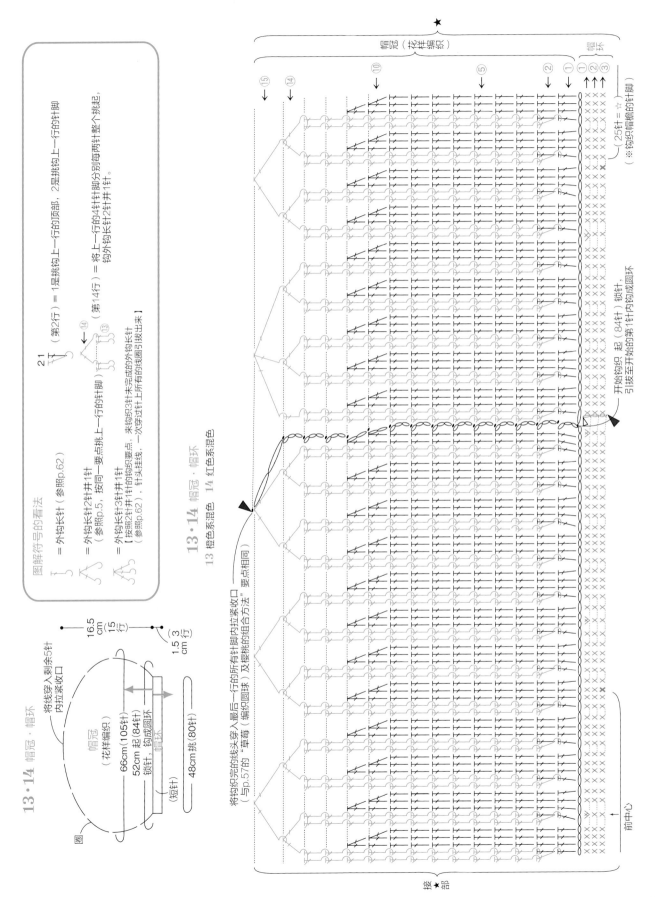

洋葱 & 柠檬
女孩气的绑带尖头帽

制作方法…**p.38**
设计…河合真弓　制作…栗原由美

尖尖挺挺直立起的
特别造型的尖头帽。
绳子可按照自己的喜好打结，
或者就这样随意的垂下来……

15
①~②岁

戴上洋葱的造型帽，
洋葱仙女大变身。

完完全全包裹住脸部的设计，
特别适合小小惹人爱的宝贝
佩戴。

16

①~②岁

在柠檬造型帽上
点缀清清爽爽的绿叶。

15·16 洋葱 & 柠檬　女孩气的绑带尖头帽

彩图…15/p.36, 16/p.37

＊需准备的线材

15：Rich More spectre modem <fine> / 橙色
（324）…67g

16：Rich More spectre modem <fine> / 黄色
（309）…66g、黄绿色（310）…2g

＊针

15·16：钩针5/0号（1根线）、
7/0号（2根线）

＊编织密度（10cm×10cm）

15·16：长针编织　17.5针×8行

＊完成尺寸

15·16：深度23.5cm

＊钩织方法

（未特别指出的部分，15·16的钩织法相同）
※绳子用2根线7/0号的钩针钩织，除此之外全都
用1根线5/0号的钩针钩织。

1 钩织帽身：起3针锁针，在起针处引拔钩成
环。接着往返钩13行（1行+12行）的正方形，
帽顶1边往返钩织5行。接着，在帽后侧钩1行
（左侧帽身重新带线钩织）。此部分左右各钩
1次。

2 缝合帽身：将左右帽身里外对齐，将帽身顶部
和帽后侧进行卷缝（参照p.63）。

3 钩织边缘：在脖子周围往返钩织4行边缘花样
A，在脸部周围往返钩织4行边缘花样B。

4 钩织各配件：15钩织绳子（2根线），在绳子
装饰的前端加上流苏（参照p.63）。16钩织绳
子（2根线）、绳子装饰和叶片，在绳子前端缝
上绳子装饰。

5 组合：15参照组合方法，在帽身顶部的流苏
缝合位置（○）上加上流苏（参照p.63），将绳
子缝合在绳子缝合位置。16参照组合方法，将
帽身顶部的叶子缝合在叶片缝合位置（○），
将绳子缝合在绳子缝合位置。

16 绳子装饰
黄绿色（1根线）　5/0号　2个

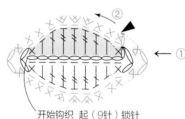

缝合位置
开始钩织　起（7针）锁针

15 绳子
橙色（2根线）　7/0号　2根

开始钩织
绳子
绳子装饰
11cm（16针）锁针
=5针中长针的变形枣形针
2.5cm
流苏
（参照p.63）

在绳子前端加上流苏
※剪4根6cm的线，对折，
　缝在5针中长针的变形枣形针的顶部（参照p.63）

16 叶子
黄绿色（1根线）　5/0号

开始钩织　起（9针）锁针

16 绳子
黄色（2根线）　7/0号　2根线

11cm（16针）锁针

※　挑起针（锁针）的里山编织
※　X 挑上一行锁针后半针编织
X·X＝短针的棱针
V＝短针的棱针1针分2针
I＝中长针的棱针
f＝长针的棱针
ff＝长长针的棱针

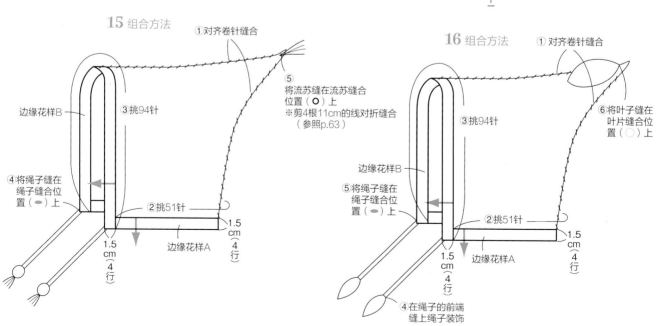

15 组合方法
①对齐卷针缝合
③挑94针
⑤将流苏缝在流苏缝合
位置（○）上
※剪4根11cm的线对折缝合
（参照p.63）
边缘花样B
④将绳子缝在
绳子缝合位
置（—）上
②挑51针
边缘花样A
1.5cm（4行）
1.5cm（4行）

16 组合方法
①对齐卷针缝合
③挑94针
⑥将叶子缝在
叶片缝合位
置（○）上
边缘花样B
⑤将绳子缝在
绳子缝合位
置（—）上
②挑51针
边缘花样A
④在绳子的前端
缝上绳子装饰
1.5cm（4行）
1.5cm（4行）

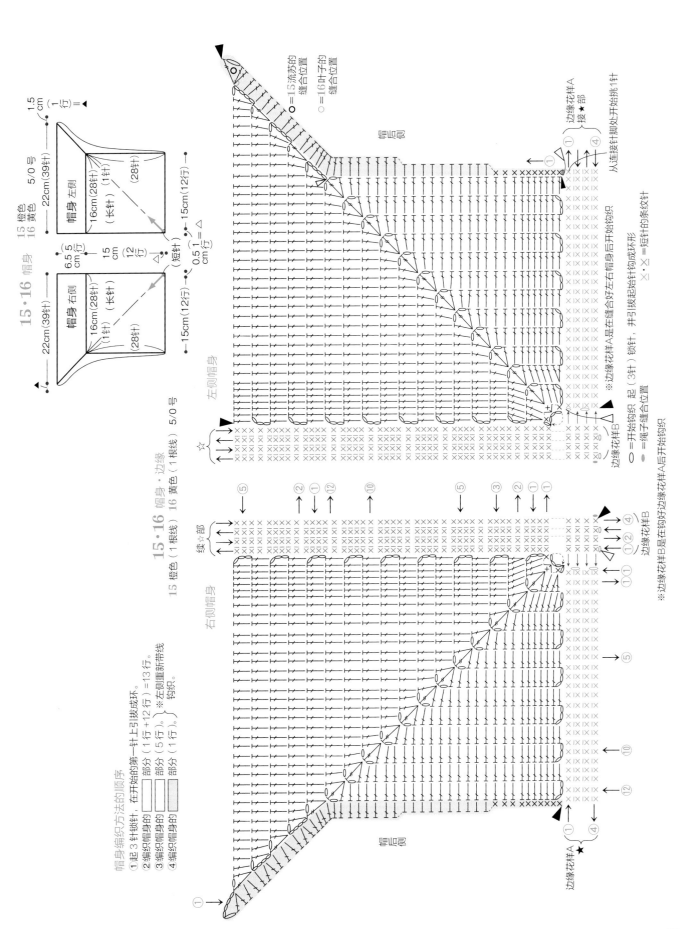

小萝卜 & 洋梨
俏皮的卷边造型帽

制作方法…**p.42**
设计 & 制作…藤田智子

17
③~④岁

18
③~④岁

绚丽多彩的小萝卜造型帽，
小大人般的洋梨造型帽，
你更喜欢哪一顶呢？

迷人的点缀着
极为真实的
小萝卜叶子。

17·18 小萝卜&洋梨 俏皮的卷边造型帽

彩图…17/p.40 41, 18/p.40

＊需准备的线材

17：Olympus nicotto sweet koti/ 赤粉色
（305）…73g、绿（306）…21g、浅驼色
（301）·粉色（302）…各6g

18：Olympus nicotto sweet koti/黄色（303）
…92g、绿色（306）…5g

＊针
17：钩针7/0号（1根线）
8/0号（2根线）
18：

＊编织密度（10cm×10cm）
17·18：短针编织 12针×12行

＊完成尺寸
17·18：头围50cm、深度约
22.5cm

＊钩织方法
（未特别指出的部分，17·18的钩织法相同）
1 钩织帽身：帽身是用2根线8/0号钩针来钩织的。边钩短针边加针，钩至29行【17的第7行要边替换配色线边钩织花样编织（参照p.4）】。第28行是挑起上一行的前半针进行钩织。
2 钩织各配件：17钩织3片叶（7/0），将流苏装于帽子顶部。18钩织2片叶和茎（均为2根线），分别参照组合方法进行缝合。
3 组合：17·18均参照组合方法，将各配件缝合在各帽身上。

17·18 帽身

24cm（29行）

17浅驼色
17粉色
帽身（短针）
环
17 赤粉色
※18全部用红色进行钩织
17绿
（3行）
50cm（60针）

17·18 帽身 8/0号

※⊗=17叶的缝合位置♥

接★部

※第28行的短针是挑起上一行针脚外侧的半针来钩织

⑳⑲⑱ ⑳ ㉕㉗㉘㉙

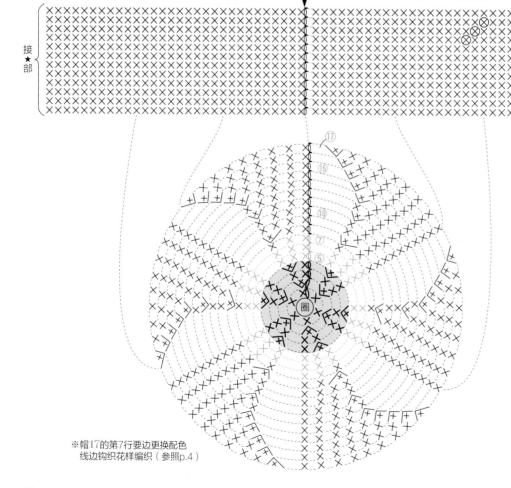

※帽17的第7行要更换配色线边钩织花样编织（参照p.4）

17·18 帽身的配色

	17	18
—	绿色	黄色
—	赤粉色	
—	粉色	
—	浅驼色	

※均用2根线钩织

17·18 帽身的针数

圈数	针数	加针数
18~29	60	
17	60	+6
16	54	+6
15	48	+6
14	42	+6
13	36	+6
12	30	
11	30	+6
9~10	24	
8	24	+6
5~7	18	
4	18	+6
3	12	
2	12	+6
1	6	

17 叶

绿色（1根线） 7/0号 3个

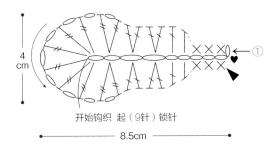

4 cm

8.5cm

开始钩织 起（9针）锁针

18 茎

绿色（2根）

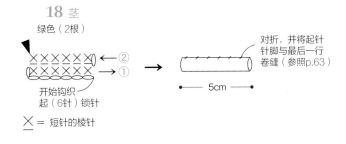

对折，并将起针
针脚与最后一行
卷缝（参照p.63）

5cm

② ①

开始钩织
起（6针）锁针

× = 短针的棱针

18 叶

绿（2根线） 2个

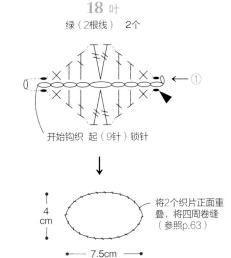

①

开始钩织 起（9针）锁针

4 cm

7.5cm

将2个织片正面重
叠，将四周卷缝
（参照p.63）

17 流苏

① 剪4根17cm的线（浅驼色和粉色各2根），
对折装在帽身第1行的短针上。
固定方法参考p.63的"流苏的固定方法"。
② 装好后，对齐并剪断线头。

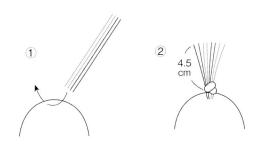

① ②

4.5 cm

17 组合方法

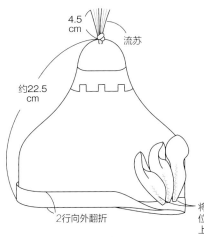

4.5 cm

流苏

约22.5 cm

2行向外翻折

将叶的根部（♥）缝合在帽身的缝合
位置上，分别将每片叶片从起针处向
上沿中心缝合一半左右长度。

18 组合方法

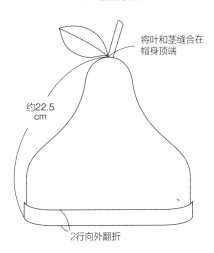

将叶和茎缝合在
帽身顶端

约22.5 cm

2行向外翻折

烤鸡
搞怪风格的麻花辫造型帽

制作方法…**p.46,59**
重点课程…**p.7**
设计 & 制作…藤田智子

制作方法…**p.46,59**
重点课程…**p.7**

19
①~②岁

看到就不由自主想要吃的烤鸡造型帽。
如果戴着参加圣诞宴会的话,
定会人气爆棚。

美美的打扮,房间也都装饰好,
一切万事俱备,
就只等圣诞老人的到来。

汉堡包
满满饱腹感的多层造型帽

制作方法…**p.58**
设计 & 制作…藤田智子

20
③~④岁

小吃货喜欢的汉堡造型帽。
如果戴上这么美味的帽子，
会比平时吃得更多吧。

19 烤鸡　搞怪风格的麻花辫造型帽

彩图 & 重点课程…p.44 & p.7

＊需准备的线材

HAMANAKA　Amerry / 驼色（8）…85g、
自然白（20）…7g、填充棉…少许

＊针

钩针：5/0号（1根线）、10/0号（2根线）

＊编织密度（10cm×10cm）

短针编织（2根线）　11针×13行
短针编织（1根线）　21.5针×24行

＊完成尺寸

头围44cm、深度约21cm

＊钩织方法

※鸡翅部的钩织方法参照p.59
※帽身和护耳，用2根线10/0号钩针钩织，除此之外的所有配件，均用1根线5/0号钩针钩织。

1 钩织帽身和护耳：帽身是环形起针，边加针边钩织18行短针。护耳是在帽身指定位置上带线，左右往返钩织8圈。绕帽身和护耳一圈钩织1圈边缘花样（64针）。

2 钩织装饰绳：准备6组，1组"长度80cm、4根"的线束，将其对折，分别装在左右边缘花样的装饰绳的位置上（参照p.63"流苏的固定方法"），编辫子，最后打个单结。

3 钩织各配件：鸡腿部分，边钩鸡肉与骨头的同时，边塞入填充棉（参照p.7），参照组合方法缝合鸡肉和骨头。鸡翅与骨头的钩织要点相同，参照组合方法进行缝合（鸡翅参照p.59）。

4 组合：参照组合方法组合各配件，缝合在主体和护耳上。

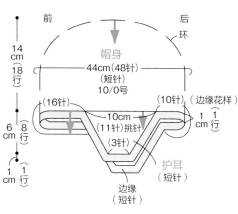

帽身・护耳
驼色（2根线）

装饰绳 【 驼色（长度80cm），4根】×6组

※准备6组，1组"长度80cm、4根"的线束，将其对折，各自分别缝在左右边缘花样的装饰绳的位置上（参照p.63"流苏的固定方法"），编辫子，最后打个单结。

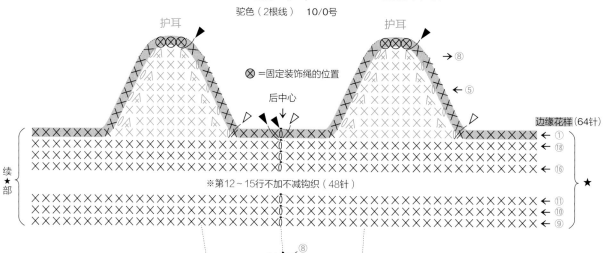

帽身・护耳
驼色（2根线）　10/0号

⊗＝固定装饰绳的位置

后中心

边缘花样（64针）

※第12～15行不加不减钩织（48针）

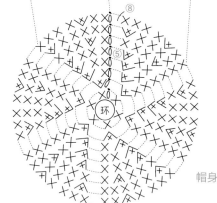

帽身

帽身针数表

圈数	针数	加针数
9～18	48	
8	48	+6
7	42	+6
6	36	+6
5	30	+6
4	24	+6
3	18	+6
2	12	+6
1	6	

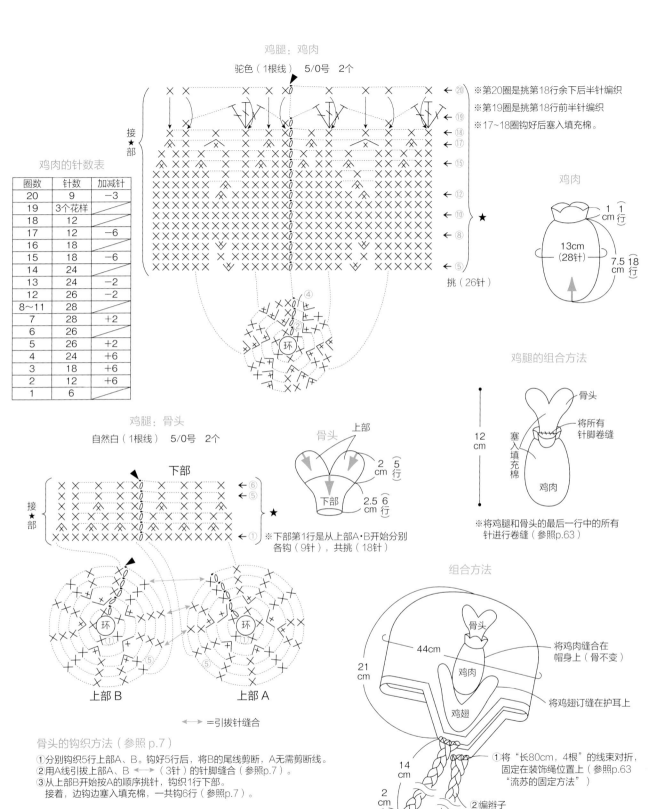

鸡腿：鸡肉

驼色（1根线） 5/0号 2个

※第20圈是挑第18行余下后半针编织
※第19圈是挑第18行前半针编织
※17~18圈钩好后塞入填充棉。

鸡肉的针数表

圈数	针数	加减针
20	9	−3
19	3个花样	
18	12	
17	12	−6
16	18	
15	18	−6
14	24	
13	24	−2
12	26	−2
8~11	28	
7	28	+2
6	26	
5	26	+2
4	24	+6
3	18	+6
2	12	+6
1	6	

挑（26针）

鸡肉

13cm（28针） 1cm 1行
7.5cm 18行

鸡腿：骨头

自然白（1根线） 5/0号 2个

下部

※下部第1行是从上部A•B开始分别各钩（9针），共挑（18针）

骨头 上部

2cm 5行
下部
2.5cm 6行

鸡腿的组合方法

骨头
将所有针脚卷缝
塞入填充棉
鸡肉
12cm

※将鸡腿和骨头的最后一行中的所有针进行卷缝（参照p.63）

上部 B
上部 A

↔ =引拔针缝合

骨头的钩织方法（参照 p.7）
①分别钩织5行上部A、B。钩好5行后，将B的尾线剪断，A无需剪断线。
②用A线引拔上部A、B，↔（3针）的针脚缝合（参照p.7）。
③从上部B开始按A的顺序挑针，钩织1行下部。
接着，边钩边塞入填充棉，一共钩6行（参照p.7）。

骨上部 A・B 的针数表

圈数	针数	加针数
4~5	12	
3	12	+2
2	10	+5
1	5	

骨下部的针数表

圈数	针数	减针数
5~6	9	
4	9	−3
3	12	
2	12	−6
1	18	

组合方法

44cm
骨头
鸡肉
21cm
鸡翅
14cm
2cm

将鸡肉缝合在帽身上（骨不变）
将鸡翅订缝在护耳上

①将"长80cm，4根"的线束对折，固定在装饰绳位置上（参照p.63"流苏的固定方法"）
②编辫子
③打单结

※鸡翅的钩织方法参照 p.59

纸杯蛋糕
层层叠叠的甜蜜造型帽

制作方法…**p.50**
重点课程…**p.4,57**
设计 & 制作…Yumiko Kawaji （川路 ゆみこ）

纸杯蛋糕形的造型帽
女孩应该都会很喜欢。
两种尺寸的设计，
可以钩成可爱的姐妹款，
戴起来会更加出彩哦！

21
1~**2**岁

22
3~**4**岁

纸杯蛋糕形的造型帽，
最适合在生日宴会戴了。
要不要为特别的日子，
钩一顶造型帽呢？

49

21·22 纸杯蛋糕　层层叠叠的甜蜜造型帽

彩图 & 重点课程…p.48,49 & p.4,5,57

＊需准备的线材

21：Olympus　make make cocotte / 粉色系混染（402）…25g、make make flavor / 茶色（311）…11g、米色（301）…8g、红色（316）…3g、黄绿色（306）…少许
填充棉…少许

22：Olympus　make make / 淡蓝色、橙色系混染（23）…29g、make make flavor / 薄荷绿（314）…13g、米色（301）…9g、红色（316）…3g、茶色（311）…少许
填充棉…少许

＊针
21：钩针5/0号
22：钩针6/0号

＊编织密度（10cm×10cm）
21：长针编织　17.5针×9行
22：长针编织　16.5针×8行

＊完成尺寸
21：头围46cm、深度16cm
22：头围48.5cm、深度18cm

＊钩织方法
（未特别指出的部分，**21·22**的钩织方法相同）

1 钩织帽身：起80针锁针，并引拨第1针成环。按花样编织A钩织6圈，接着按花样编织B钩织2圈，花样编织B的第2圈为双色，边换配色线边钩织花样编织（参照p.45）。接着，用长针钩织9圈。
※花样编织B的第2圈与长针的第3、6、9圈是挑上一行前半针进行钩织。
钩好最后一圈后，将钩织结束的线头穿入最后一圈的所有针脚抽紧收口（与p.57"草莓（编织圆球）和樱桃的组合方法"的要点相同）。

2 钩织边缘：边缘花样A是挑起花样编织B的第1圈未钩织的前半针钩织。边缘花样B是挑起长针第2、5、8圈余下未钩织的前半针钩织。

3 钩织各配件：**21**钩织草莓果实和蒂，参照组合方法缝合（参照p.57）**22**钩织樱桃的果实和茎，参照组合方法缝合（参照p.57）。

4 完成：将组合好的配件分别参照组合方法缝合在帽身上。

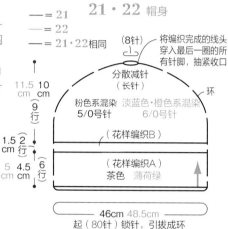

21·22 帽身

── = 21
── = 22
── = 21·22相同

将编织完成的线头穿入最后一圈上的所有针脚，抽紧收口

分散减针（长针）

粉色系混染　淡蓝色·橙色系混染
5/0号针　　6/0号针

（花样编织B）

（花样编织A）　茶色　薄荷绿

起（80针）锁针，引拨成环

46cm　48.5cm

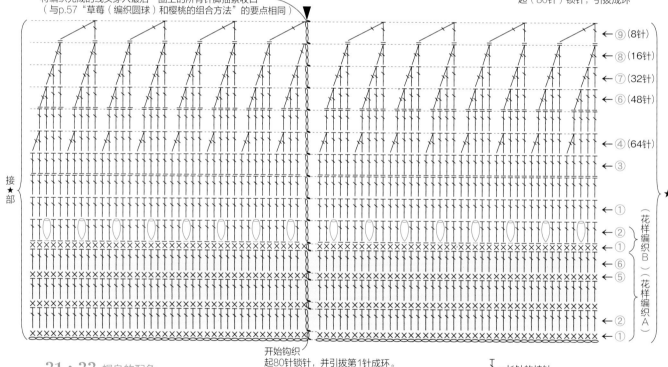

21·22 帽身

将编织完成的线头穿入最后一圈上的所有针脚抽紧收口（与p.57"草莓（编织圆球）和樱桃的组合方法"的要点相同）

←⑨（8针）
←⑧（16针）
←⑦（32针）
←⑥（48针）
←④（64针）
←③
←①
（花样编织B）
←②
←①
←⑥
←⑤
（花样编织A）
←②
←①

接★部

开始钩织
起80针锁针，并引拨第1针成环。

21·22 帽身的配色

	21	22
	米色	米色
	粉色系混染	淡蓝色·橙色系混染
	茶色	薄荷绿

＝ 5针长针棱针的爆米花针（参照p.4,5）

＝长针的棱针

＝长针的棱针2针并1针（减针）

※花样编织B的第2行与长针第3、6、9行是挑上一行前半针进行钩织的

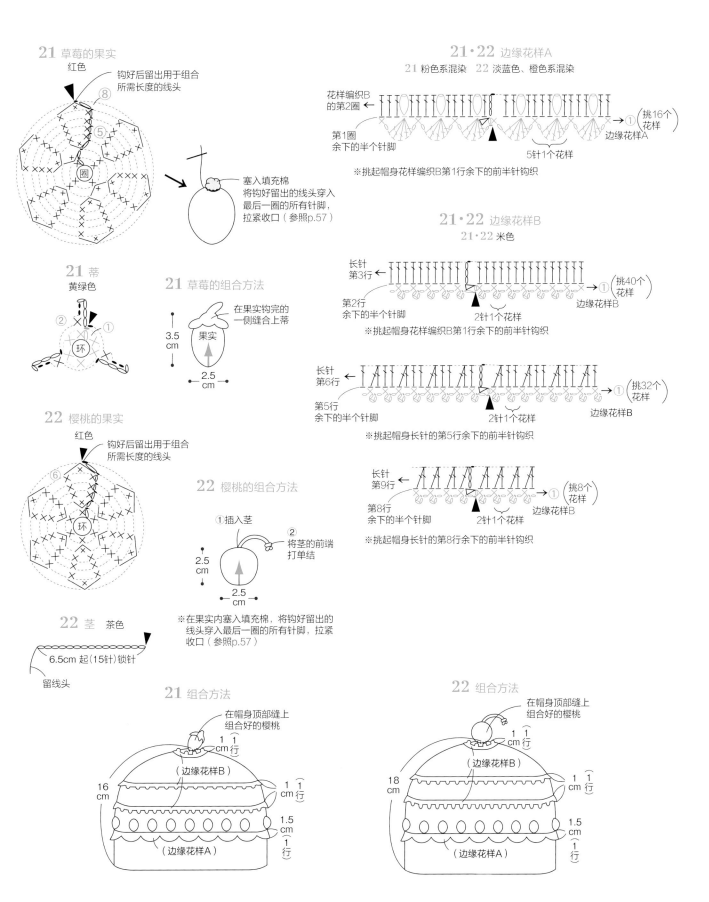

21 草莓的果实

红色

钩好后留出用于组合所需长度的线头

⑧

⑤

圈

塞入填充棉
将钩好留出的线头穿入最后一圈的所有针脚，拉紧收口（参照p.57）

21 蒂

黄绿色

②　①

环

21 草莓的组合方法

在果实钩完的一侧缝合上蒂

3.5 cm

2.5 cm

果实

22 樱桃的果实

红色

钩好后留出用于组合所需长度的线头

⑥

环

22 樱桃的组合方法

①插入茎

②将茎的前端打单结

2.5 cm

2.5 cm

22 茎　茶色

6.5cm 起（15针）锁针

留线头

21·22 边缘花样A

21 粉色系混染　22 淡蓝色、橙色系混染

花样编织B的第2圈←

第1圈余下的半个针脚

边缘花样A

①（挑16个花样）

5针1个花样

※挑起帽身花样编织B第1行余下的前半针钩织

21·22 边缘花样B

21·22 米色

长针第3行←

第2行余下的半个针脚

2针1个花样

边缘花样B

①（挑40个花样）

※挑起帽身花样编织B第1行余下的前半针钩织

长针第6行←

第5行余下的半个针脚

2针1个花样

边缘花样B

①（挑32个花样）

※挑起帽身长针的第5行余下的前半针钩织

长针第9行←

第8行余下的半个针脚

2针1个花样

边缘花样B

①（挑8个花样）

※挑起帽身长针的第8行余下的前半针钩织

21 组合方法

在帽身顶部缝上组合好的樱桃

1 cm　1行

（边缘花样B）

1 cm　1行

16 cm

1.5 cm　1行

（边缘花样A）

22 组合方法

在帽身顶部缝上组合好的樱桃

1 cm　1行

（边缘花样B）

1 cm　1行

18 cm

1.5 cm　1行

（边缘花样A）

※在果实内塞入填充棉，将钩好留出的线头穿入最后一圈的所有针脚，拉紧收口（参照p.57）

51

甜筒雪糕
糖果色系的尖尖造型帽

制作方法…**p.54**
重点课程…**24/p.57**
设计 & 制作…藤田智子

23 ①~②岁

24 ③~④岁

招人喜爱的甜筒雪糕造型帽，
既有适合女童佩戴的可爱色彩，
又有适合男童佩戴的清凉色彩。

戴上雪糕造型帽
进入温馨的下午茶时段。
甜点配红茶怎么样？

23·24 甜筒雪糕　糖果色系的尖尖造型帽

彩图＆重点课程…**23**/p.52 53, **24**/p.52 & **24**/p.57

＊需准备的线材

23：HAMANAKA EXCEED WOOL FL <中粗>
/ 粉色（239）…28g、淡粉色（235）…19g、米色（201）…10g、茶色（205）・红（210）…各6g、绿色（220）…少许　填充棉…少许

24：HAMANAKA EXCEED WOOL L <粗> / 淡蓝色（346）…50g、/ 茶色（305）…35g、浅茶色（333）…12g、米色（301）…10g、红色（335）…5g、黄绿色（345）…2g
填充棉…适量　纸（6cm×3cm）…1张

＊针

23：钩针：5/0号（1根线）、8/0号（2根线）
24：钩针：6/0号（1根线）、8/0号（2根线）

＊编织密度（10cm×10cm）

23：短针编织　13.5针×14行
24：短针编织　12.5针×13行

＊完成尺寸

23：头围44.5cm、深度15.5cm
24：头围48cm、深度17cm

＊钩织方法

（未特别指出的部分，23·24的钩织方法相同）
1 钩织帽身：帽身是由2根线来钩织。圈钩起针，边加针边钩13圈短针。第14圈是挑起第13圈前半针来钩织，第15圈重新带线，挑第13圈前半针来钩织，接着钩至第21圈，钩1行边缘花样。帽身完全钩好后，将帽身织片翻转（帽身是将织片的内侧作为正面使用的）。
2 钩织各配件：23钩织樱桃的果实、茎、奶油（均用2根线）和蛋筒，参照樱桃果实与茎的组合方法进行缝合。
24钩织草莓的果实、蒂、巧克力棒（参照p.57）和蛋筒，分别参照各自的组合方法进行缝合。
3 组合：参照组合方法将各配件分别缝合在帽身上。

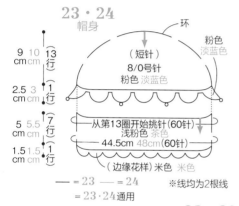

23·24 帽身

23 组合方法

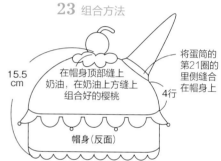

将蛋筒的第21圈的里侧缝合在帽身上

在帽身顶部缝上奶油，在奶油上方缝上组合好的樱桃

15.5cm　4行

帽身（反面）

23·24 帽身　8/0号针

※帽身是将钩织织片的内侧作为正面使用的

后中心

① （边缘花样）
㉑
⑳
⑮ ※第15圈是挑起第13圈顶部余下的前半针进行钩织
★
⑭ ※第14圈是挑起第13圈顶部后半针进行钩织
⑬
⑪

接★部

1个花样

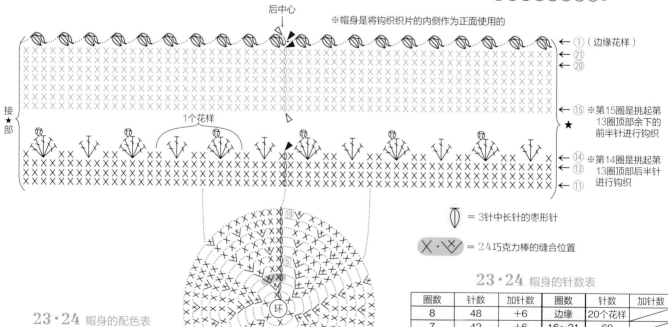

环

23·24 帽身的配色表

	23	24
—	米色	米色
—	浅粉色	茶色
—	粉色	淡蓝色

※均用2根线来钩织

= 3针中长针的枣形针

X・Ｙ = 24巧克力棒的缝合位置

23·24 帽身的针数表

圈数	针数	加针数	圈数	针数	加针数
8	48	+6	边缘	20个花样	
7	42	+6	16~21	60	
6	36	+6	15	60	
5	30	+6	14	6个花样	
4	24	+6	11~13	60	
3	18	+6	10	60	+6
2	12	+6	9	54	+6
1	6				

帽身图左侧标注：
9 10 cm cm 13行
2.5 3 cm cm 1行
5 5.5 cm cm 7行
1.5 1.5 cm cm 1行

— = 23　— = 24　= 23·24通用

※线均为2根线

（短针）8/0号针　粉色 淡蓝色
环
粉色 淡蓝色
从第13圈开始挑针（60针）浅粉色 茶色
44.5cm 48cm（60针）
（边缘花样）米色 米色

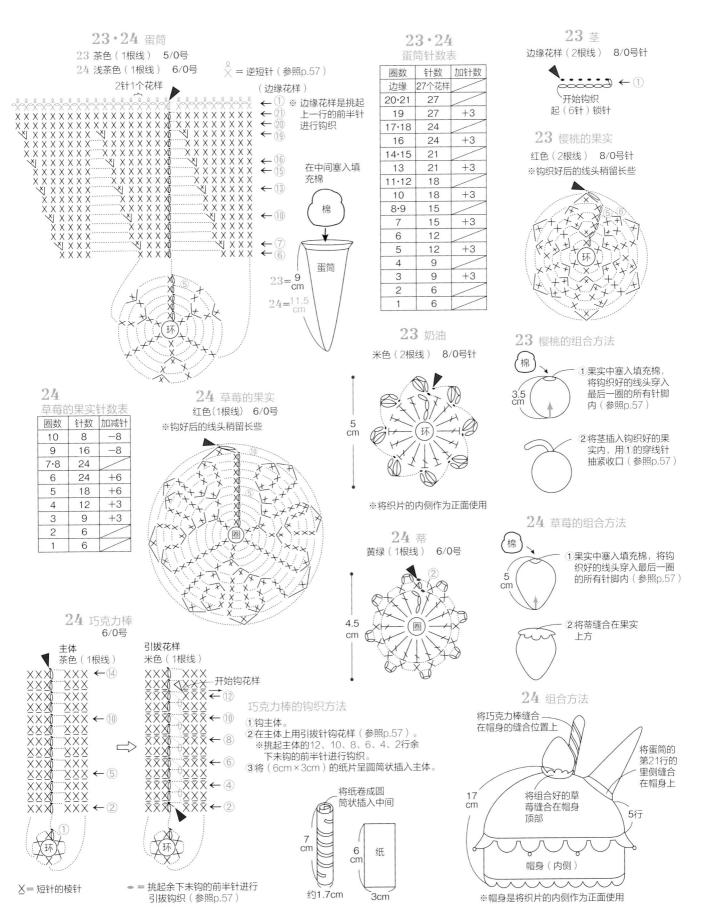

23·24 蛋筒
23 茶色（1根线） 5/0号
24 浅茶色（1根线） 6/0号

2针1个花样

∝ = 逆短针（参照p.57）
（边缘花样）

← ① 边缘花样是挑起上一行的前半针进行钩织
← ㉑
← ⑳
⑲

在中间塞入填充棉

棉

蛋筒

23＝9cm
24＝11.5cm

23·24
蛋筒针数表

圈数	针数	加针数
边缘	27个花样	
20·21	27	
19	27	+3
17·18	24	
16	24	+3
14·15	21	
13	21	+3
11·12	18	
10	18	+3
8·9	15	
7	15	+3
6	12	
5	12	+3
4	9	
3	9	+3
2	6	
1	6	

23 茎
边缘花样（2根线） 8/0号针

← ①

开始钩织
起（6针）锁针

23 樱桃的果实
红色（2根线） 8/0号针
※钩织好后的线头稍留长些

23 樱桃的组合方法

棉

3.5cm

①果实中塞入填充棉，将钩织好的线头穿入最后一圈的所有针脚内（参照p.57）

②将茎插入钩织好的果实内，用①的穿线针抽紧收口（参照p.57）

24
草莓的果实针数表

圈数	针数	加减针
10	8	−8
9	16	−8
7·8	24	
6	24	+6
5	18	+6
4	12	+3
3	9	+3
2	6	
1	6	

24 草莓的果实
红色（1根线） 6/0号
※钩好后的线头稍留长些

23 奶油
米色（2根线） 8/0号针

5cm

※将织片的内侧作为正面使用

24 蒂
黄绿（1根线） 6/0号

4.5cm

24 草莓的组合方法

棉

5cm

①果实中塞入填充棉，将钩织好的线头穿入最后一圈的所有针脚内（参照p.57）

②将蒂缝合在果实上方

24 巧克力棒
6/0号

主体
茶色（1根线）

⑭

引拔花样
米色（1根线）

开始钩花样

⑫
⑩
⑧
⑥
⑤
④
②

环

巧克力棒的钩织方法
①钩主体。
②在主体上用引拔针钩花样（参照p.57）。
※挑起主体的12、10、8、6、4、2行余下未钩的前半针进行钩织。
③将（6cm×3cm）的纸片呈圆筒状插入主体。

将纸卷成圆筒状插入中间

7cm
约1.7cm

6cm
纸
3cm

✕ = 短针的棱针

▬ = 挑起余下未钩的前半针进行引拔钩织（参照p.57）

24 组合方法

将巧克力棒缝合在帽身的缝合位置上

将蛋筒的第21行的里侧缝合在帽身上

17cm

将组合好的草莓缝合在帽身顶部

5行

帽身（内侧）

※帽身是将织片的内侧作为正面使用

本书中所使用的线材

※图片为实物粗细

1

2

3

4

5

6

7

8

9

10

11

12

13

14

【Olympus制线（株式会社）】

1　Premio
100%纯羊毛（内含40%塔斯马尼亚羊毛）
1团40g　约114m　25色
钩针5/0~6/0号

2　make make
90%羊毛（美丽诺羊毛）·10%马海毛（安哥拉山羊毛）
1团25g　约62m　22色
钩针6/0~7/0号

3　make make flavor
35%羊毛·35%丙烯纤维·30%羊驼（幼羊驼）
1团25g　约73m　14色
钩针6/0~7/0号

4　make make cocotte
100%羊毛（内含50%美利奴羊毛）
1团25g　约65m　17色
钩针6/0~7/0号

5　Tree House Leaves
80%羊毛（美利奴羊毛）·20%羊驼（幼羊驼）
1团40g　约72m　12色
钩针7/0~8/0号

6　Tree House Berries
60%羊毛（美利奴羊毛）·27%丙烯纤维·10%羊驼（Alpaca Fine）·3%人造纤维
1团40g　约90m　10色
钩针6/0~7/0号

7　nicotto sweet koti
65%羊毛·35%丙烯纤维
1团30g　约60m　8色
钩针7/0~8/0号

【HAMANAKA（株式会社）】

8　EXCEED WOOL FL <中粗>
100%纯羊毛（使用特优美利奴羊毛）
1团40g　约120m　39色
钩针4/0号

9　EXCEED WOOL L <粗>
100%纯羊毛（使用特优美利奴羊毛）
1团40g　约80m　44色
钩针5/0号

10　wanpakudenis
70%丙烯纤维·30%羊毛（使用防缩加工处理的羊毛）
1团50g　约120m　31色
钩针5/0号

11　Amerry
70%羊毛（新西兰美利奴）·30%丙烯纤维羊毛
1团40g　约110m　30色
钩针5/0~6/0号

12　Rich More PERCENT
100%羊毛
1团40g　约120m　100色
钩针4/0~ 6/0号（1根线）·7/0~8/0号（2根线）

13　Rich More spectre modem
100%羊毛
1团40g　约80m　50色
钩针7/0号

14　Rich More spectre modem（fine）
100%羊毛
1团40g　约95m　30色
钩针5/0~6/0号（1根线）
钩针7/0号（2根线）

*1~14表示的均是自左上按材质→重量→线长→色数→适用钩针为序。
*色数为2015年8月前的数据。
*由于是印刷物，颜色会与实物稍有差异出现的可能。

重点课程 Point Lesson

21·22 彩图 & 制作方法···p.48,49 & p.50
草莓（编织圆球）和樱桃的组合方法

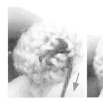

1 草莓的果实钩好后，在织物的中间塞入填充棉。

2 在缝针上穿入钩好后留下的线头，逐针挑起最后一圈外侧半针，将线穿过最后一圈的所有针脚。

3 穿过所有针脚后，将线头抽紧收口（左图）。草莓果实完成收口后的样子（右图）。

樱桃的果实也与草莓的果实相同，将线穿过最后一圈的所有针脚后，插入茎收紧线头。

24 彩图 & 制作方法···p.52 & p.54
巧克力棒引拔花样的钩织方法

1 钩好巧克力棒的主体后，在主体上用引拔针进行花样钩织。将针如箭头所示方向插入第12行余下未钩的半针内引拔。

2 接着按箭头方向将针插入下一个半针内。

3 在针头上挂线如箭头所示再次引拔。

4 引拔钩织花样就完成了1针。重复2、3步骤将第12圈的所有针脚（6针）进行引拔钩织。

5 第12圈的所有针脚均引拔钩织完成。

6 接着钩1针锁针，将钩针插入第10圈余下未钩织的半针内，同样也是进行引拔钩织。
※从一圈钩至另一圈时，先钩1针锁针，线不要抽拉的过紧。

7 钩好1针第10圈半针引拔花样后的样子。

8 按照以上要点，引拔第12、10、8、6、4、2行余下未钩织的半针花样呈螺旋状的钩织下去。

基础课程 Basic Lesson

逆短针的钩织方法

1 钩1针立起的锁针，"将针插入上一行的针脚内，针上挂线，将线稍带出长些后引拔，针头朝箭头方向所示旋转"。

2 针上带线，如箭头所示一次性引拔。
※由于1中的旋转，●的部分被拧起来。

3 钩好了1针逆短针。同样重复1中的" "部分和2的内容，进行指定针数的钩织。

4 钩好6针逆短针时的样子。

20 汉堡包 满满饱腹感的多层造型帽

彩图···p.45

＊需准备的线材

23: Rich More spectre modem / 深驼色（12）···
45g、黄绿色（38）···21g、黄色（10）···10g、
红（31）·茶色（39）···各8g

＊针

钩针：7/0号

＊完成尺寸

头围49cm、深度17cm

＊钩织方法

钩织帽身：圈钩起针，用深驼色线钩织17圈面包部分。第17圈以后，边替换配色边钩织至最后一行，钩织时，第19、22、25、29、31圈是挑起上一行前半针进行钩织，第20、23、30、32圈是挑起上上一行余下未钩的后半针进行钩织（第27圈是挑起第24圈余下的后半针钩织）。另外，逆短针（第22、29行）的钩织方法，参照p.57进行钩织。

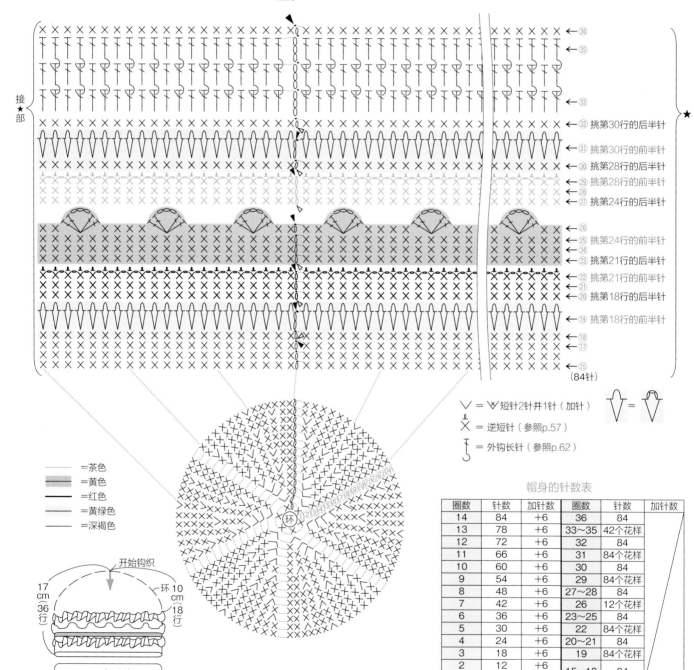

帽身

←㊱
←㉟
←㉝
㉜ 挑第30行的后半针
㉛ 挑第30行的前半针
㉚ 挑第28行的后半针
㉙ 挑第28行的前半针
㉘
㉗ 挑第24行的后半针
←㉖
㉕ 挑第24行的前半针
㉔
㉓ 挑第21行的后半针
㉒ 挑第21行的前半针
㉑
㉑ 挑第18行的后半针
⑲ 挑第18行的前半针
⑱
⑰
←⑮
（84针）

接★部

∨ = 短针2针并1针（加针）

✗ = 逆短针（参照p.57）

† = 外钩长针（参照p.62）

= 茶色
= 黄色
= 红色
= 黄绿色
= 深褐色

开始钩织

17 cm
36 行

环 10 cm
18 行

49cm（84针）

帽身的针数表

圈数	针数	加针数	圈数	针数	加针数
14	84	+6	36	84	
13	78	+6	33～35	42个花样	
12	72	+6	32	84	
11	66	+6	31	84个花样	
10	60	+6	30	84	
9	54	+6	29	84个花样	
8	48	+6	27～28	84	
7	42	+6	26	12个花样	
6	36	+6	23～25	84	
5	30	+6	22	84个花样	
4	24	+6	20～21	84	
3	18	+6	19	84个花样	
2	12	+6	15～18	84	
1	6				

※「11・12 菠萝＆松塔　鱼鳞花样的可爱造型帽」（上接 p.30,31）

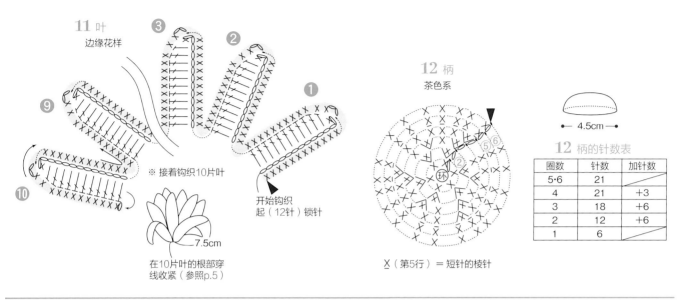

11 叶
边缘花样

※接着钩织10片叶

开始钩织
起（12针）锁针

※在10片叶的根部穿
线收紧（参照p.5）

7.5cm

12 柄
茶色系

← 4.5cm →

X（第5行）＝ 短针的棱针

12 柄的针数表

圈数	针数	加针数
5·6	21	
4	21	+3
3	18	+6
2	12	+6
1	6	

※「19 烤鸡　搞怪风格的麻花辫造型帽」（上接 p.46,47）

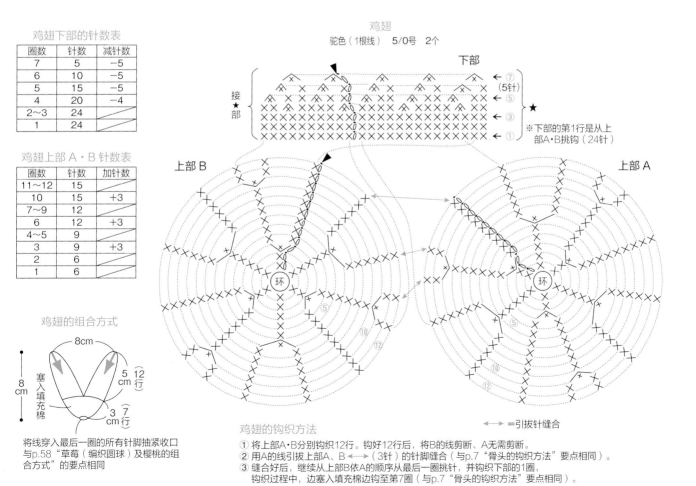

鸡翅
驼色（1根线）　5/0号　2个

下部

接★部

← ⑦（5针）
← ⑤
← ③
← ①

※下部的第1行是从上
部A·B挑钩（24针）

上部 B

上部 A

=引拔针缝合

鸡翅下部的针数表

圈数	针数	减针数
7	5	−5
6	10	−5
5	15	−5
4	20	−4
2～3	24	
1	24	

鸡翅上部 A·B 针数表

圈数	针数	加针数
11～12	15	
10	15	+3
7～9	12	
6	12	+3
4～5	9	
3	9	+3
2	6	
1	6	

鸡翅的组合方式

8cm

5（12行）cm

3（7行）cm

塞入填充棉

8cm

将线穿入最后一圈的所有针脚抽紧收口
与p.58"草莓（编织圆球）及樱桃的组
合方式"的要点相同

鸡翅的钩织方法
① 将上部A·B分别钩织12行。钩好12行后，将B的线剪断，A无需剪断。
② 用A的线引拔上部A、B ←→（3针）的针脚缝合（与p.7"骨头的钩织方法"要点相同）。
③ 缝合好后，继续从上部B依A的顺序从最后一圈挑针，并钩织下部的1圈，
　钩织过程中，边塞入填充棉边钩至第7圈（与p.7"骨头的钩织方法"要点相同）。

编织符号的阅读方法

本书中的编织符号均按照日本工业标准（JIS）规定。钩针编织没有正针与反针的区别（除内外钩针），正面和反面交替钩织时，钩织符号的表示是一样的。

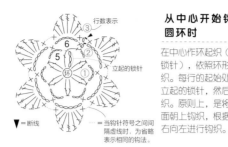

行数表示
⑥ ②
⑤
立起的锁针

▼=断线
= 当钩针符号之间用
隔虚线时，为省略
表示相同的钩法。

从中心开始钩织圆环时

在中心作环起钩织（或钩织锁针），依照环形逐行钩织。每行的起始处都先钩立起的锁针，然后继续钩织。原则上，是将织片正面朝上钩织，根据图示从右向左进行钩织。

▼=断线　▽=接线

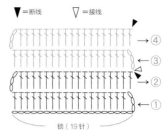

→④
←③
←②
←①

锁（19针）

片织时

特征是在左右轮流钩织起的钩针。当立起的锁针符号位于右侧时，在织片正面依照图示从右向左钩织；反之，当立起的锁针符号位于左侧时，在织片反面依照图示从左向右钩织。图示为在第3行开始时根据配色换线。

线和针的握法

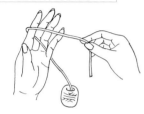

1 从左手小指与无名指间将线拉到跟前，挂在食指上，将线头拉到跟前。

2 用拇指和中指捏住线头，立起食指，绷紧线。

3 用拇指与食指持针，食指轻压在针头上。

基本针的起针方法

1 将针抵在线的另一侧，按箭头方向旋转针头。

2 针头挂线。

3 按箭头方向引出线圈。

4 将线端拉紧，最初的基本针便完成了。（此针不计作1针）。

起针

从中心部分开始环形钩织时
（用线端制作环形）

1 将线在左手食指上绕2圈形成环形。

2 将环从食指上取下用手拿住，钩针插入环中，挂线引出。

3 再一次挂线引出，立起的锁针。

4 钩第1圈时，在环中心插入钩针，钩织所需数目的短针。

5 暂时将针抽出，拉动最初缠绕圆环的线1和线端2，将环拉紧。

6 钩织1圈完成后，最初的短针的头针入针，挂线引出。

从中心部分开始环形钩织时
（用锁针环形起针）

1 钩织所需数目的锁针，在最开始的锁针的半处入针，挂线引出。

2 针尖挂线引出，这就形成了立起的锁针。

3 钩织第1圈时，钩针插入环中，将钩针成束挑起，钩织所需数目的短针。

4 第1圈钩织结束时在最开始的短针的头部分入针，挂线引出。

平针钩织时

1 钩织所需针数的锁针和立起的锁针，在线端开始的第2个锁针中入针，挂线引出。

2 针头挂线，如箭头所示将线引出。

3 第1行钩好后的样子（立起的1针锁针不作1针）。

锁针的识别方法

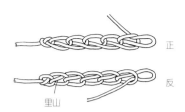

正

里山

反

锁针有正反之别。反面中间突出的1根线，称为锁针的"里山"。

在上行挑针的方法

织入1针里

将锁针成束挑起后钩织

根据符号图的不同，即使同一种枣形针的挑针方法也不同。符号图下方是闭合状态时，则要织入上一行的1针里，符号图下方是打开状态时，需将上一行的针成束挑起后再钩织。

钩针符号

○ 锁针

5针

1 起针，"针头挂线"。

2 将 挂在针头的线引出，锁针完成。

3 钩织1的""部分和2。

4 5针锁针完成。

● 引拔针

1 在上一行的针脚处入针。

2 针头挂线。

3 将线一次性引拔。

4 1针引拔针完成。

✕ 短针

1 在上一行的针脚处入针。

2 针上挂线引拔穿过线圈（此时的状态称为"未完成的短针"）。

3 再一次针上挂线，2个线圈一次性引拔。

4 1针短针完成。

⊤ 中长针

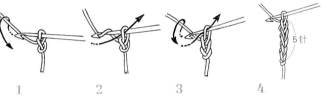

1 针上挂线，在上一行的针脚处入针。

2 针上挂线引出（此时的状态称为"未完成的中长针"）。

3 再一次针上挂线，一次性引拔3个线圈。

4 1针中长针完成。

⊤ 长针

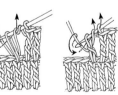 

1 针上挂线，在上一行的针脚处入针，接着挂线引出。

2 针上挂线依照箭头所示方向引拔穿过2个线圈（此时引拔的状态称为"未完成的长针"）。

3 再一次针上挂线，按照箭头所示方向将剩下的2个线圈一次性引拔。

4 1针长针完成。

⊤ 长长针

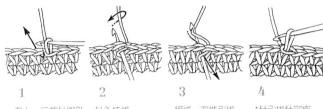

1 将线在钩针上绕2圈，在上一行的针脚处入针，针上挂线，穿过线圈引出。

2 按照箭头所示方向引拔穿过2个线圈。

3 同样的步骤共重复2次，第1次完成的步骤称为"未完成的长长针"。

4 1针长长针完成。

╳ 短针1针分2针　╳ 短针1针分3针　◇ 短针2针并1针

1 钩1针短针。

2 在同一针内入针引拔，并钩织短针。

3 此时为短针1针分2针的样子。在同一针内再钩织1针短针。

4 短针1针分3针完成，比上一行针数多2针。

1 在上一行的针脚中入针，挂线引出。

2 下一针按同样的方法入针，挂线引出。

3 针上挂线，将挂在钩针上的3个线圈一次性引拔。

4 短针2针并1针完成，比上一行针数少1针。

⋎ 长针1针分2针　　　　　　⋏ 长针2针并1针

※除2针之外及非长针的情况下也是按相同要点在上一行的1针内钩入指定的针数。

※除2针之外的情况也一样，按相同要点钩出指定针数的半个长针，针头挂线，将线圈一次性的引拔出来。

     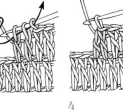

1 钩1针长针，针上挂线后再在同一针脚处入针，再次挂线引出。

2 针上挂线，将两个线圈一次性引拔。

3 再次挂线，将剩余的2个线圈一次性引拔。

4 长针1针分2针完成，比上一行针数多1针。

1 在上一行中钩织1针未完成的长针（参照p.61），下一针按箭头所示方向挂线入针再引出。

2 针上挂线，将2个线圈一次性引拔，钩第2针未完成的长针。

3 针上挂线，按箭头所示方向一次性引拔穿过3个线圈。

4 长针2针并1针完成，比上一行针数少1针。

⋋ 3针锁针的狗牙针　⋋ 2针锁针的狗牙针

※（）内是钩2针锁针的狗牙针的方法

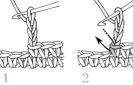 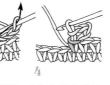

1 钩3针（2针）锁针。

2 在短针起头的半针和底部的1根线中入针。

3 针头挂线，如箭头所示一次性引拔。

4 3针（2针）锁针的狗牙针完成。

⬡ 3针长针的枣形针

※其他针数的枣形针也一样，按相同要点在1针内钩出指定针数，针头挂线，将线圈一次性引拔。

 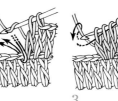 

1 在上一行的针脚上钩1针未完成的长针（参照p.61）。

2 在同一针内入针，接着钩2针未完成的长针。

3 针上挂线，将钩针上的4个线圈一次性引拔。

4 3针长针的枣形针完成。

⬭ 5针长针的爆米花针

1 在上一行的同一针脚中钩5针长针，完成后暂时将钩针抽出，然后按照箭头所示方向重新入针。

2 按照箭头所示方向将针头上的线圈引拔。

3 接着钩1针锁针并收紧。

4 5针长针的爆米花针完成。

⌐ 外钩长针

1 针上挂线，在上一行长针的根部如箭头所示从正面入针。

2 针上挂线，将线稍长些地引出。

3 再次针上挂线，引拔2个线圈（这个状态称为未完成的外钩长针），相同的步骤之后再重复1次。

4 1针外钩长针完成。

✕ 短针的棱针（圈织）

※除短针以外的棱针，同样也是按相同要点挑起上一行外侧的半针，按照指定的编织符号钩织。

1 无需翻转沿正面钩织。按照图示方向转动后钩织短针，从最初的针中挂线引出。

2 钩1针立起的锁针，挑上一行针脚外侧的半针，钩织短针。

3 重复步骤2继续钩织短针。

4 上一行外侧的半针处就会形成棱状的效果。3行短针的棱针完成。

✕ 短针的条纹针（片织）

※除短针以外的条纹针，同样也是按相同要点挑起上一行外侧的半针按照指定的编织符号钩织。

1 如箭头所示，在上一行针脚的外侧半针处入针。

2 钩织1针短针，下一针同样也是将钩针插入外侧的半针内。

3 钩至顶端处后，将织片翻转。

4 与步骤1、2相同，将钩针插入外侧半针，钩织短针。

3针中长针的变形枣形针

5针中长针的变形枣形针
※（）内为钩5针中长针的变形枣形针的方法

   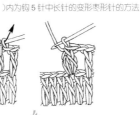

1 在上一行的针脚处入针，钩3针（5针）未完成的中长针。

2 针上挂线，按照箭头所示方向先一次性引拔6个（10个）线圈。

3 针上挂线，将剩余线圈一次性引拔。

4 3针（5针）中长针的变形枣形针完成。

卷缝

  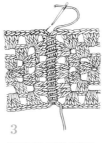 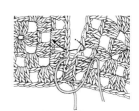

1 将两块织片的正面与正面对齐合拢，从起行针顶端的针脚处入针。在织片边缘的针脚处中按照箭头所示入针，再交错挑针。

2 逐针分别穿入线圈。

3 缝至顶端边缘处的样子。

穿入半针的方法
将两块织片的正面与正面对齐合拢，挑起外侧半针（针端的1根线）穿线。在卷缝起始与结尾的针脚处穿缝2次。

流苏的固定方法

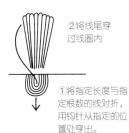 

②将线尾穿过线圈内

①将指定长度与指定根数的线对折，用钩针从指定的位置处穿出。

③按照指定的长度剪齐

其他基础索引

- 外钩长针2针并1针的钩织方法 …p.5
- 逆短针的钩织方法 ✕ …p.57
- 花样编织中配色线的替换方法（包渡线的钩织方法）…p.4,5
- 骨头的钩织方法 …p.7
- 草莓（编织圆球）与樱桃的组合方法…p.57

原文书名：子どもが喜ぶ！フルーツとお野菜&スイートキャップ

原作者名：E&G CREATES

本书中文简体版经 E&G CREATES 授权，由中国纺织出版社独家出版发行。

本书内容未经出版者书面许可，不得以任何方式或任何手段复制、转载或刊登。

著作权合同登记号：图字：01-2016-0989

图书在版编目（CIP）数据

　　简单钩针：孩子们喜欢的蔬菜·水果·甜点帽子 /
E&G 创意编著；虎耳草咩咩译. -- 北京：中国纺织出版
社，2016.12（2017.11重印）
　　ISBN 978-7-5180-3049-1

　　Ⅰ.①简… Ⅱ.① E… ②虎… Ⅲ.①帽—钩针—绒线
—编织—图集 Ⅳ.① TS935.521-64

　　中国版本图书馆 CIP 数据核字（2016）第 252609 号

特约编辑：刘丹阳　　　　　责任编辑：刘　茸
责任印制：储志伟　　　　　装帧设计：培捷文化

中国纺织出版社出版发行
地址：北京市朝阳区百子湾东里 A407 号楼　邮政编码：100124
销售电话：010—67004422　传真：010—87155801
http://www.c-textilep.com
E-mail：faxing@c-textilep.com
官方微博 http://weibo.com/2119887771
北京华联印刷有限公司印刷　各地新华书店经销
2016 年 12 月第 1 版　2017年11月第 2 次印刷
开本：889×1194　1/16　印张：4
字数：48 千字　定价：34.80 元

凡购本书，如有缺页、倒页、脱页，由本社图书营销中心调换